南郑县千年油茶王枝繁叶茂

腾冲红花油茶开花状

腾冲红花油茶整株开花状

攸县油茶开花状

普通油茶（小红桃）结果状 1

制油茶皂素乳化剂

普通油茶（小红桃）结果状 2

测试油茶皂素乳化剂析水率

油茶籽、油茶油和油茶皂素等系列产品

油茶科技创新文集

李玉善　编著

西北农林科技大学出版社

图书在版编目（CIP）数据

油茶科技创新文集 / 李玉善编著. — 杨凌：西北
农林科技大学出版社，2021.9
ISBN 978-7-5683-1015-4

Ⅰ.①油…　Ⅱ.①李…　Ⅲ.①油茶—栽培技术—文集
Ⅳ.①S794.4-53

中国版本图书馆CIP数据核字(2021)第193475号

油茶科技创新文集

李玉善　编著

出版发行　西北农林科技大学出版社	
地　　址　陕西杨凌杨武路3号	邮　编：712100
电　　话　总编室：029-87093195	发行部：029-87093302
电子邮箱　press0809@163.com	
印　　刷　陕西天地印刷有限公司	
版　　次　2021年9月第1版	
印　　次　2021年9月第1次印刷	
开　　本　787 mm×1 092 mm　1/16	
印　　张　16.25	
字　　数　278千字	

ISBN 978-7-5683-1015-4

定价：40.00元

本书如有印装质量问题，请与本社联系

作者简介

李玉善，男，1936 年 4 月生，研究员，山东滕州市人。为中国林学会，中国植物学会、中国植物生态学会、中国粮油学会、西北农林科技大学老科学家教育工作者协会会员。曾担任陕西林学会理事。主要从事"油茶栽培和良种繁育研究"工作。曾主持《攸县油茶良种引进和栽培技术研究》，获陕西省科技成果二等奖；主持《油茶籽加工和油茶皂素乳化剂研制》获陕西省科学进步三等奖。主要著作有《油茶栽培和利用》。参与编著有《中国山茶》《中国油茶》《陕西森林》等。

前 言
PREFACE

油茶是我国的国宝，在我国已有 2 300 年栽培历史。现主要分布于 14 个省区，栽培面积达 467 万 hm₂。茶油色清味香。营养丰富，耐贮藏，不饱和脂肪酸含量高达 92% 以上，是优质的食用油。长期食用茶油对高血压，心脏病，动脉粥样硬化，高血脂等心脑血管疾病有很好的医疗保健作用。油茶的亚麻酸含量丰富，对婴儿大脑及身体发育颇为有益，对婴儿的皮肤润滑也有作用。

20 世纪六七十年代，正是我国植物油供应困难时期。为了丰富市场食用油料，陕西省科委下达了在陕西引种油茶科研任务，我们选择汉中市南郑区做为油茶实验研究基点，在南郑两河乡政府建立了两河乡油茶林场。在场内开始组织科研小组，积极开展油茶栽培和引种驯化研究。

油茶为深根性树种，侧根稀少短小而主根深长。由于根毛少，易受不良环境条件影响导致植株死亡，移栽很难成活，因此，生产上发展油茶一直采用直播造林。经过我们不懈地努力和实践，油茶种子浸种催芽、断根尖育苗试验获得成功，彻底打破了油茶树移栽不能成活的说法， 成活率达到 91.64%。

同时，我们从本地油茶成林中选育出优良品种类型陕西小红桃，并从全国引种 10 个油茶种，40 个优良品种和单株。现已试种成功攸县油茶，浙江红花油茶，腾冲红花油茶，越南油茶四个油茶种以及普通油茶岑溪软枝油茶、永兴中苞红球油茶、葡萄油茶和风吹油茶四个优良农家品种。

1987 年，在南郑区政府的支持下，建立了南郑塘口茶油加工厂。解决了茶油榨油质量差，销路不好等问题。茶油籽榨油后，茶饼是极其宝贵的资源，我们从油茶饼中提取油茶皂素。并用油茶皂素制成了油茶皂素纤维板乳化剂，其后又研究成功了油茶皂素刨花板，石蜡乳化剂和萤石选矿剂。1994 年西植 877 纤维板用石蜡乳化剂获首届中国杨凌农科城技术成果博览会后稷金像奖。 "油茶籽加工和油茶皂素乳化剂的研制"，1997 年获陕西省科技进步三等奖。创造了一定的社会效益和经济效益。

通过对普通油茶、陕西小红桃油茶和攸县油茶不同生育期茶果系统测定，掌握了油茶含油率高低峰值，油茶种子皂素百分含量生育周期进程，彻底了解了脂肪酸中饱和脂肪酸升降规律，为生产优质茶油、利用油茶皂素提供了重要理论依据。

近几年，我把过去几十年从事油茶栽培及加工研究积累的有关资料进行了整理，并在此基础上，结合自己的研究与心得编写了这本《油茶科技创新文集》。此书有幸获得了我校离退休出版基金项目资助，在此，对基金出资方西北农林科技大学及学校出版社表示衷心感谢。

目前，随着人们对油茶籽油认识的不断提高、油茶科研工作的深入研究和新成果的大力推广，特别是油茶良种的示范应用，以及各级政府强有力的推动，油茶生产开始步入平稳发展轨道。在油茶产业形势发展大好的前提下，希望此书的出版能够为油茶事业的发展提供一些有用的参考与帮助，由于时间仓促，书中难免出现缺点和不足，敬请读者批评指正。

编　者

2021.9.21

目 录 >> CONTENTS

第一部分

油茶生产科研调查研究

学习外地经验　迅速发展我省油茶生产

西北植物研究所　李玉善

遵照省政府发展油茶生产的指示，我所调查了陕南油茶生产的现状，并派人去湖南，湖北学习先进经验，现将调查学习情况做一个汇报。

一、陕南油茶生产概况

陕南属亚热带气候，栽培油茶历史悠久。汉中，安康，商洛三专区的十六个县约有油茶林 7 000 多亩（每亩折合约 667 平方米）。

南郑区塘口乡杉树湾村有棵油茶树高 8.5 米，冠幅 7 米，胸径 78 厘米，年产茶籽 15 千克，折合油 3.5 ～ 4 千克。镇安县庙沟乡长沙村有的油茶树龄已达二百多年。

陕南白花油茶，10 ～ 11 月份开花，同期果实成熟，花果伴生，称为"连胎树"，"勤俭树"。每百斤鲜果可采鲜籽 35 千克，折合干籽 12.5 千克。干籽含油 30% ～ 40%，出油率为 19% ～ 20%。茶油清亮馥香耐熬。

陕南油茶生产潜力很大，茶农栽培油茶经验丰富。塘口乡张家湾大队有三亩油茶山，1971 年产鲜茶籽 800 多千克，合亩产干籽 150 千克，可榨油 28.8 千克。油茶林多处于半野生或野生状态，纯林很少，多与松、杉、油桐和杨树等杂灌木成混交林。密度大小不一，疏的株距很大，密的枝叶交错，每亩达 180 株。产量较低，大小年显著，一般亩产干籽 10 ～ 12.5 千克。营造新林采用直播。幼苗生长比较慢，7 ～ 8 年才能开花结果，十年后方有收益，有些群众认为种油茶"远水不解近渴"。有的地区播前不整地，播时挖个窝，播后不管理，往往是只播种不见苗。

二、湖南湖北油茶生产主要特点

湖南省有油茶 2 000 多万亩，其中纯林 1 100 多万亩，1971 年产茶油 6 000 多万千克，占全国茶油总产量的 48%，居全国第一位。湖北省有油茶 400 多万亩，黄岗地区和陕南同纬度，两地气候近似，该区麻城市五脑山林场，双庙关村和罗田县观音山油茶场是湖北省油茶生产先进单位，他们的经验值得我们学习。

和我省相比，湖南、湖北油茶生产有以下特点：

第一，深入开展"农业学大寨"运动，认真贯彻"以粮为纲，全面发展"的方针，油茶产量大幅度上升。观音山油茶场坐落在海拔七百米的高山上，他们响应毛主席"农业学大寨"的号召，刨石垒堰，筑起一米多宽的梯地。经过十多年艰苦奋斗，现在面貌焕然一新，种下的 2 300 亩油茶，已有 700 多亩开始受益，1 000 余亩幼林，冠丰叶茂，长势喜人。

双庙关村狠抓油茶林垦复，粮油双超纲要。全村 1 013 人，有油茶 3 970 亩。1971 年油茶占总收入的 30%，超额完成上交油脂任务 1.9 倍，平均每人交售茶油 17.25 千克。

湖南永兴县马田乡枣子村是湖南省油茶生产先进单位，新中国成立后多次荣获中央林业部奖状。全村 2 223 人，有油茶林 8 137 亩。新中国成立初，茶油总产不过 1 万千克，通过大学大寨，1971 年茶油总产 67 500 千克，平均亩产 8 千克多，总产比 1970 年增长 2 倍，向国家交售茶油 63 500 千克，平均每人交售 28 千克多。这个队的油茶已引种到阿尔巴尼亚，越南，朝鲜等兄弟国家，茶油展销至罗马尼亚，赞比亚等国，有力地支援了国家建设和世界需要。

第二，建立油茶专业队，贯彻"农业八字宪法"，大抓老林管理。

湖南衡东县欧阳海乡桔冲村固定专人管理垦复油茶，效果很好。全村 16 个老汉专管油茶，杂草铲的精光，收获时可在地上拣茶籽。有两个老汉，新中国成立以来一年三百六十天不分晴天阴天还是刮风下雨一直挖山不止，人称"活愚公"。第七生产队有块二十多亩油茶，原先常年产油不到 15 千克，固定专人大抓垦复，1968 年产油四百多千克，1971 年产油达 300 多千克，比以前增加 20 多倍。

枣子村油茶丰产的主要经验是狠抓油茶垦复。垦复茶山"一年挖山，当年得利，二年增产，三年大丰收"。按照实际情况，做到"四深四浅"，即平山深垦，陡山浅垦；冬季深垦，夏季浅垦；老荒深垦，熟荒浅垦；行间深垦，穴边浅垦。还采用了平坡全垦，陡坡带垦，疏林残林块垦的形式。湖南不少地区三年一大挖，每年一小铲，增产显著。湖北的经验是大抓"砍，挖，修"。砍，即砍去杂树灌木，劣种败株，使油茶通风透光良好。挖的目的在于疏松土壤，清除杂草，改善水肥条件，俗话说："冬挖花，春铲芽，夏锄金，秋拾茶"。修，主要是把树修剪成半圆形丰产树形，去除脚枝，过密枝，徒长枝，病虫枝，枯枝，集中养分满足茶果生长和花芽，叶芽的需求。

枣子村大搞油茶林间作粮食和经济作物。间作的油茶比没有垦复的增产 6 ~ 10 倍，比垦复未间作的增产 1 ~ 2 倍。油茶林密，土质一般的间作高秆和藤本作物。

施肥增产显著，需因时定肥，因肥定量。冬春施"催梢肥"和"壮果肥"，以氮肥为主。夏季施"园果肥"，"长油肥"，以磷肥为主。秋季施"保花肥"，以氮磷钾为主。枣子村对油茶施肥采用"养，种，堆"的办法。养就是施磷矿粉，过磷酸钙，保花保果增产茶油。种就是油茶间作绿肥。堆就是用枯枝落叶作成堆肥，制成大量有机肥料。湖北双庙关村有块 69 年垦复的油茶林，一些树每株施三担（一担合 50 千克）牛栏粪，一些不施。施肥的 1972 年春梢增长 2.8 厘米，未施的 1972 年春梢比 1971 年春梢减少 3.6 厘米。第三，选育良种，营造新林。

湖南群众通过多年选育，选育出普通油茶的中孢子，攸县油茶和广宁油茶（红花油茶）等良种。

桔冲村新发展的九百多亩油茶，全部采用直播，成活率在 95% 以上。他们的经验是头年把要播种油茶的山齐齐翻一遍，土壤无需打碎，任其风化。第二年春按 3.3 米 × 3.3 米的株行距做成平台，每穴播种 10 ~ 15 粒，把种子均匀放在平台上，盖上 5 厘米厚的土，平台周围挖小排水沟，防止积水。种子出土后除草，三年后挖山，五年油茶成林。

改直播为育苗移栽是五脑山林场和观音山油茶场发展油茶的先进经验。五脑山林场 1957 年播种油茶五千多亩，出苗率 70%，1959 年夏末秋初遇干旱，成活率仅有 1%。1960 年育苗移栽，一般成活率在 80% 以上，高者达 95%。观音山油茶场 1958 年直播油茶两万多亩，成活的寥寥无几，采用育苗移栽后成活率达 95%。育苗移栽生长的快，播后 3～4 年开花结果，第五年既有收益。五脑山林场 1961 年 2 月移栽的苗已高达 2.5 米，冠幅 2.5 米，胸径 7 厘米，结果累累。

育苗移栽，茶苗两年出圃，苗高 40 厘米左右。在春季选壮苗趁阴天或微雨天气带宿土移栽。栽之较深，但不宜过深，栽后踏实，但不能伤根系。造林密度山顶宜 2 米 ×2 米，每亩 200 株，山脚 2.3 米 ×2.6 米，每亩 107 株，平地宜 2.3 米 ×3 米，每亩 83 株。每穴栽单株，林相要整齐，便于机械操作。第四，加强对油茶生产领导，贯彻党的经济政策，鼓励油茶生产。

两湖粮油部门对于超售的茶油加价 20%，每千克约 0.59 元，交售收购任务的茶油每千克 0.45 元。湖南农林局 1971 年拨粮 200 万千克奖励茶山垦复。垦复一亩油茶山奖粮 2.5 千克。湖北麻城市交售 50 千克茶饼，奖售化肥 10 千克。由于茶油年年增产，茶农生活不断改善，生产热情很高。第五，注意了茶饼，果壳综合利用。

三、因地制宜，大力发展我省油茶

陕南 400～1000 米的荒山秃岭很多，是油茶发展的广阔天地。为了满足日益增长的工业用油和人民生活的需要，必须大力发展我省油茶生产。各地应遵照"以粮为纲，全面发展"的方针，根据本地区的经济特点，因地制宜，把油茶生产列入规划。

（一）加强对油茶生产的领导，做好宣传组织工作。各地应把油茶生产提到议事日程上来，乡村应有专人管理油茶。林场应扩大油茶种植面积。安康马池，河南等地已建立的油茶场应充实人力，加强领导。各地可通过办学习班，开现场会，绘制宣传画，编写通俗小册子，出黑板报，组织参观学习，检查评比，树立样板等多种多样的形式传播经验，交流技术，广泛宣传栽培油茶的重要意义。省，市，县可组织参观团去外省学习先进经验。

（二）管好油茶老林，可提供数量充足的优良种子，使油茶丰产，起典型示范作用。而管理的关键在于垦复。此外，适当进行油茶和粮食，油料，蔬菜，药材，苗圃间作，注意油茶林的施肥工作。

（三）营造新林，无论是育苗移栽，还是直播均应抓好整地，选种和管理等环节。造林前需先行整地，陡山坡地应建成大寨田。造林后封山育林，加强管理。种子来源，严格贯彻"主要依靠群众自繁，自选，自留，自育辅之以调剂"的方针，做好良种壮苗。

（四）湖南，湖北等省对油茶科学研究工作抓得较紧。乡村建立了样板山，试验山，丰产片。科研单位大抓良种选育，速生成林，防止落花落果以及短穗扦插，无性嫁接等项研究工作，成绩显著。我省油茶科研基础较差，首先应建立实验研究基地。广泛开展群众性的实验研究活动，做到科学管理油茶。

（五）必须注意政策，鼓励发展油茶生产。南郑区岑镇粮站在收购茶籽时定出合理价格很受群众欢迎。相反，我省有的地区茶农交售茶油不低任务，茶籽不收购，群众有意见，应加以纠正。

（本文原载《陕西林业科技》1973 年第 2 期）

陕南油茶生产调查

植物引种驯化研究室 李玉善

油茶用途很大。茶油是优质的食用油，在工业上用途很广。茶饼可作农药，肥料并能提取茶皂素。果壳可制碱，做香粉，提取烤胶，糠醛，活性炭。油茶木材坚硬细致，可做用具。油茶花是冬季养蜂业的蜜源。随着民用和工业对植物油需要量的急剧增加，油茶生产得到了迅速的发展。

一、陕南油茶生产概况

油茶生产在我国已有两千多年的历史，广泛分布于长江以南的湖南，江西，浙江等十四省的山地和丘陵地带。全国油茶总面积为 353.3 万公顷，1957 年全国油茶平均亩产茶油 3.5 千克。陕西省陕南是我国油茶分布的北界，栽培油茶已有一百多年的历史，约有油茶一万五千多亩，年产茶籽19.5 万余千克。分布在汉中，安康，商洛三个专区的南郑，汉阴，安康，镇安，西乡，宁强，紫阳等二十多个县。

茶油属山茶科（Ternstroemiaceae），是我国特产经济树种。共分红花油茶（*camellia chekiangoleosa* Hu），普通油茶（*camellia oleifera* Abel），小果油茶（*camellia meiocarpa* Hu）茶梨（*Camellia oetopetala* Hu）四种。陕南普遍栽培的是普通油茶，近年来逐步引种了红花油茶。红花油茶和普通油茶均具有产量高，油质好的特点。

陕南普通油茶花为白色，10～11 月份开花，同期果实成熟，花果伴生，称为"连胎树""勤俭树"。每百斤鲜果可采鲜籽 35 千克，折合干籽 12.5 千克。干籽含油 30%～40%，出油率为 19%～20%。茶油清亮馥香耐熬。

陕南年平均温度 15℃，最冷一月平均气温在 2℃以上，无霜期约 230 天，年平均降雨量 1 000 毫米左右。土壤为酸性至微酸性黄褐色土。茶叶，柑橘，油桐，乌桕分布面积很广。无论从气候，土壤和雨量来看陕南都适合油茶生长。现在油茶种植面积与日俱增，油茶必将成为我省植物油的重要来源之一。

二、陕南油茶生产存在的主要问题

陕南油茶生产潜力很大，茶农栽培油茶经验丰富。塘口乡张家湾村有三亩油茶山，1971 年产鲜茶籽 800 千克，合亩产干籽 150 多千克，可榨油 28.5 千克。陕南油茶生产中存在的主要问题是老林的管理垦复和精细育苗及对幼苗的管护问题。

（一）必须大抓老林的垦复管理：

现今陕南油茶林多处于半野生或野生状态，纯林很少，多与松，杉，油桐和杨树等杂灌木成混交林。密度大小不一，疏的株距很大，密的枝叶交错，每亩达 180 株。产量较低，大小年显著，一般亩产干籽 10～12.5 千克。

表 1-1 调查的油茶树龄多在 20～30 年间，由于不加垦复，不加管理，树形不好，杂草丛生，虽是成年结果树，其产量亦不高。宁强县永兴村的油茶林任其生长，植株相互荫蔽，只是在表层成伞状结了些茶果。

表 1-1　油茶老林生长状况调查表

调查地点	植株高度（厘米）	主茎高度（厘米）	胸径（毫米）	冠幅（厘米）	备注
南郑区塘口乡杉树湾村	330	38	58	280×200	海拔高 760 米，纯油茶林覆盖度 90%
安康县安乐乡奋勇村	223	44	31	144×142	海拔高 920 米，长在立碴石上纯油茶林
宁强县城关乡	200	115	30	197×104	海拔高 900 米，生在小山包上，覆盖度 100% 的纯油茶林
西乡县下高川乡葫芦庵村	250	60	30	190×180	海拔高 690 米，油茶林和杨树，松树混生

垦复茶山"一年挖山，当年得利，二年增产，三年大丰收"。按照实际情况，做到四深四浅，即平山浅垦，　陡山浅垦，冬季深垦，夏季浅垦；老荒深垦，熟荒浅垦；行间深垦，穴边浅垦。还采用了平坡全垦，陡坡带垦，疏林残林块垦的形式。垦复较未垦复的一般增产 5～6 倍，显著者增产 20 倍以上。

我们在湖北省五脑山油茶林场调查了垦复与未垦复，迟垦复与早垦复油茶林（见表 1-2）。

由表 1-2 所知，同样树龄，生长在空旷地上垦复的株高为 280 厘米，胸径 130 毫米，冠幅 303 平方厘米 ×317 平方厘米，而在松树下生长未垦复的株高为 98 厘米，胸径 20 毫米，冠幅 97 平方厘米 ×66 平方厘米同样的树龄，1967 年砍去马尾松的树色黄绿。其产量差异由此可以想象。

南郑区塘口乡流传着"自古茶山无人养，收时茶果满箩筐"的错误说法，1958 年大力垦复油茶，补栽新苗，去除脚枝、过密枝、徒长枝，病虫枝、枯枝，集中养分满足茶果生长和花芽，叶芽需求。1961 年获得茶果大丰收，全乡产干茶籽 750 00 多千克。如陕南油茶均进行垦复管理，茶籽的增产幅度将是很大的。

表 1-2　垦复与未垦复，早垦复与迟垦复油茶植株生长状况比较表

油茶移栽时间	苗龄（年）	树龄（年）	株高（厘米）	分枝高度（厘米）	胸径（毫米）	一级分枝数	冠幅（厘米）
1960 年 2 月	1	14	98	11	20	2	97 × 66
1960 年 2 月	1	14	280	—	130	3	303 × 317
1961 年 2 月	2	14	178	19	50	4	178 × 152
1961 年 2 月	2	14	226	9	90	2	210 × 220

（二）精细育苗，加强苗期管护：

在安康县城郊乡文武村林场我们调查了 1959 年春季直播的一片油茶林。由于播后不加管理，缺苗严重，播种了好几百斤油茶籽，而今天幸存者不到半亩地，零散地生长在马尾松和油桐树下，其情况见表 1-3。南郑区瓦营村 1956 年播种 1 000 千克油茶籽，仅见很少几苗。播种不见苗的关键何在，很值得研究。

把五脑山油茶林场育苗移栽和文武村直播生长情况一对比，可以看出两者的差距是何等的大。五脑山油茶林场的油茶已结果七年，现今果实累累。而文武村的油茶 1970 年才开始挂果，而今最高的树才结果 20 来个。从植株的生长状况来看：五脑山油茶林场油茶树一般株高为 280 厘米左右，冠幅为 142 平方厘米 ×124 平方厘米，而文武村林场最高的油茶植株才有 143 厘米，冠幅 74 平方厘米 ×65 平方厘米，平均株高和平均冠幅则更小。是两地的气候差异吗？不是，两地同纬度，气候雨量近似，土壤差异亦不大，均为黄泥沙土。关键就在于文武村林场油茶是直播，管理粗放，五脑山油茶林场油茶是育苗移栽，加以精细管理，当然苗全苗壮。

表 1-3　直播与移栽植株生长状况表

调查地点	播种时间	移栽时间	苗龄	树龄	株高（厘米）	分枝高（厘米）	胸径（毫米）	一级分枝数	冠幅（厘米）
湖北省麻城市五脑山油茶场	59 年 2 月	61 年 2 月	2	14	280	16	45	2	142×124
安康县城郊乡文武村林场	59 年 2 月	直播		14	84.1	18.5	10.6	11.4	59.7×61.4

在汉中西乡等地看到，直播的油茶，播前不整地，播时挖个坑，行株距疏密不等，"窝子碗口大，播种一大把"，播种量不一，每穴由 10～100 粒，播种是十分粗放的。有的地方油茶出苗后亦不加管理，任其放牧，割柴，牛羊践踏，这种茶苗当然不能苗壮成长。

近年来营造新林已得到有关农业部门重视，安康地区直播油茶，播种质量有了提高，1972 年南郑区引种红花油茶更采取了高畦育苗的办法。抓好油茶播种关，对油茶迅速成林意义重大。

三、因地制宜大力发展油茶生产

陕南 400～1 000 米的荒山秃岭很多，是油茶发展的广阔天地。1971年安康地区狠抓油茶发展。他们由湖南引进普通油茶籽 26 000 千克，由南郑区调进 9 000 千克，由浙江引进红花油茶籽 1 000 千克。地区革委会亲自抓油茶播种，层层举办学习班，宣传政策，普及技术，收到了显著效果。1972 年又由外省调进油茶种子 60 000 千克，计划沿凤凰山一带，在三年内发展油茶十万亩。南郑区 1972 年底亦由广东广宁调进红花油茶籽 1 000 千克。不少地区正在试种油茶，准备发展。

发展油茶应根据本地区的经济特点，因地制宜，把油茶生产列入规划。首先应把现有油茶资源利用起来，乱砍乱伐油茶树，把油茶枝作为柴烧的现象必须根除。应广泛总结油茶生产先进经验，及时加以推广。

（一）管好油茶老林，抓紧油茶的垦复工作，树立典型样板起示范作用。适当进行油茶和粮食，蔬菜，油料，苗圃，药材间作。促使油茶高额丰产。国内有些地区正在推广油茶施肥技术，我省应酌情对油茶林进行施肥。

（二）营造新林，无论是育苗移栽，还是直播均应抓好整地，选种和管理等关节。应选留籽大，籽粒多，含油率高，落果少和适宜当地环境的大果类型作为种子。造林前需先行整地，陡山坡地应建成反坡梯地造林后封山育林，加强管理。种子来源，严格贯彻"主要依靠群众自繁，自选，自留，自育辅之以调剂"的方针，做好良种壮苗。

（三）抓紧进行油茶的科学研究工作。有条件的乡村可建立样板山，试验山，丰产片。科研单位可大抓良种选育，速生成林，防止落花落果以及短穗扦插，无性嫁接等项研究工作。及时介绍推广油茶种植新技术。

（本文原载《植物研究》1973 年第 4 期）

陕西省南郑区引种广宁
红花油茶育苗观察调查初报

植物引种驯化研究室　李玉善

广宁红花油茶（*Camellia semiserrata* Chi）树形高大，生长年限长，具有果大，籽大，出油率高，油质好的特点。它的主要缺点是从出苗到结果需要 8 ～ 10 年的时间，大小年显著，只要加强栽培管理可促使速生丰产。

1972 年南郑区从广东省广宁县引进了 1 000 千克广宁红花油茶种子，主要分布在濂水，塘口，马家咀，兴隆等乡和红寺坝水库等五个点上，这些点都在海拔 700 米以下。

广宁红花油茶引到南郑后，除少量直播，大都进行育苗。育苗地选用地势平坦，土壤疏松，灌溉方便，排水良好，阳光充足的肥沃土壤。每亩施优质农家肥 1 500 千克以上。整地深度 21 厘米。于 1972 年 12 月 5 日到 26 日播种。畦播种植，行距 30 厘米，株距 15 厘米，种子复土厚度为种子的 1 ～ 2 倍。每亩下种量 40 ～ 50 千克。

以往陕南种植油茶采用直播，油茶苗期生长慢，加之管理不善，往往形成"播种不见苗"，成林率极低。南郑区采用的育苗办法，这在我省还是第一次。实验表明：苗床育苗方便管理，育出的苗比直播的苗长得快，长得壮，是引种和发展油茶的重要措施之一。随着栽培技术的改进，移栽成活率的提高，苗床育苗将作为发展油茶的主要方法，进行推广。

我们所选的南郑区海拔高度不同，能代表浅山区，半山区，平川区共三个点进行观察，各点的情况是：南华林场：位于马家咀西南，海拔 470 米，作为平川区的代表。苗床在冷水河不远的公路旁，土质为重沙壤土，前作为萝卜，约有 534 平方米地，基肥施猪粪 34 担（1 500 千克），人粪尿 50 担（2 000 千克），犁地深度 15 厘米，于 1972 年 12 月 26 日播种，行距 12 厘米，株距 3 厘米。

濂水林场：位于濂水乡北面，海拔 570 米，代表半山区。育苗地位于小盆地中部，濂水河的滩地上，前作马铃薯，土质为油沙土，一亩半地施猪粪 2 500 千克，灰肥 150 多千克，翻地 18 厘米深，于 1972 年 12 月 6 日播种，采用梅花形点播，株距 6 厘米。

张家湾村，位于塘口乡西南，海拔 612 米，代表浅山区。苗床在丁家河旁的台地上，前作为马铃薯，耕翻约 30 厘米深，土质沙土，600 平方米地约施猪粪 1 500 千克。于 1972 年 12 月 5 到 6 日播种，株距 9 厘米，行距 30 厘米。

出苗和成苗情况

油茶籽先生根后出苗长叶，子叶在地面之下。于 4 月上旬检查时，主根普遍已长至 6 ～ 12 厘米，于 5 月初见苗。从生根到见苗约计 1 ～ 2 个月时间。苗初出地面时茎叶为紫红色，而后逐渐变成绿色。

当平均气温上升到 19℃时，开始见苗。从表 1-4 看来，濂水林场见苗出苗苗盛期、齐苗期比较早，张家湾一队和南华林场次之。这主要是土壤水分的关系。濂水林场在河滩地上土壤比较湿润，南华林场育苗地较河滩地高，加之土壤为重沙壤土，较干燥。张家湾村虽然土壤潮湿，但气温回升的慢。

三个点齐苗时间均延续的比较长，濂水林场和张家湾村从见苗到齐苗约有两个半月，而南华林场直到 8 月 30 日才齐苗，几乎延续了三个半月。

三个点的成苗率较高，南华林场为 91%，濂水林场为 97%，张家湾村为 98%。生长过程中，引起死亡的原因主要有病死、晒死、锄死和踩死。

三个点管理油茶都比较细，油茶生长期间锄草均在 4 ～ 5 次以上，追施化肥和人粪尿均在 2 ～ 3 次以上，南华林场并在早春干旱时担水浇了一次。

八月中下旬在濂水林场苗圃发现有根腐病发生，在比较严重的一畦地上于 10 月 31 日进行了一次调查，在长 1 000 厘米，宽 800 厘米的面积内，总株数为 87 株，因根腐病死亡的有 27 株，死亡率达 31%。三个点管理措施主要抓了追肥、锄草和遮阴，但对防治病虫害重视不够。

表1-4　南郑区引种广宁红花油茶1973年出苗情况表

项目 地点	播种 日期	海拔 高度 （米）	土壤 质地	前作物	观察 行播 种粒 数	出苗期（日／月）			出苗情况		成苗情况			每亩出 苗数
						见苗	盛期	齐苗	出苗 数	出苗 率 （%）	成苗 数	成苗 率 （%）	死亡 原因	
南华 林场	72年 12月 26日	470	重沙 壤土	萝卜	100	10/5	10/7	30/8	74	71	71	91	晒死 踏死 锄死	36 600
濂水 林场	72年 12月 6～8 日	570	油沙 土	马 铃薯	75	4/5	2/6	16/7	65	87	63	97	病死	24 000
张家 湾	72年 12月 5～7 日	612	沙土	马 铃薯	50	9/5	1/7	23/7	41	82	40	98	锄死	21 000

生长情况分析

从生长速度来看，浅山区、半山区和平川区油茶苗生长差异并不大，总的来说。从5月初到6月上旬，平均气温在19～23℃时生长的比较快。而到6月下旬，直到8月底，这两个半月，平均气温超过25℃时生长的比较慢。而在9、10月平均气温下降到23℃以下时，生长速度又有所加快。10月中旬以后植株生长极为缓慢，几乎停止生长。

以濂水林场单株观察为例，5月11日植株为1.4厘米高，而6月12日为12厘米，即一个月的时间植株增长了10.6厘米，6月12日至9月1日开始两个多月的时间植株长到15厘米，增长了3厘米。到10月11日植株长到19厘米，即从9月1日开始1个月零10天的时间植株伸长了4厘米。而从10月11日至11月20日近一个半月时间，植株仅增长了0.5厘米，几乎停止生长。

三个点比较，6月上旬濂水林场的油茶苗长势较好，南华林场次之，张家湾最差。但7月下旬以后张家湾林场的油茶苗扶摇直上，超过了濂水，成为最好的苗子，这中间是有原因的。

三个点于四月中下旬在畦床四周每隔1～1.5米点种了玉米。玉米以濂水林场和南华林场长势最好，7月下旬已到达2米，叶子长的繁茂，给油茶苗遮住了太阳。而张家湾玉米长的稀稀落落，低的不到半米高，高的才1.5米，对油茶苗起不到荫蔽的作用。8月份张家湾一队在收了玉米之后，紧接着在油茶苗行间又育上了油菜苗。施肥抓的较紧，6月份施了一次稀尿水，7月份施了一次化肥，8月份又施了一次稀尿水，这样加速了油茶苗的生长，使之7～10月得都比较快，成为三个点生长的最好的苗子。当然，浅山区日夜温差大，气候阴湿，给油茶生长也提供了有利条件。

在油茶苗生长期遮阴具有很重要的意义。7月22日在濂水林场检查发现，玉米长的茂密的田块，因遮阴较好，油茶苗长的亦旺盛，玉米长得矮小瘦弱处，遮阴不好，油茶苗亦长得不好。而无玉米遮阴，或者玉米被风吹倒不能遮阴的油茶，很快就会被晒死。在南华村亦发现此种现象。

油茶植株初出苗时根径约为2毫米，随着植株的生长，根径不断加粗，叶片不断增加。根径最粗的一年长到9毫米，叶片最多的一年生长了18片叶子。从表1-5可以看出，植株生长最高的为张家湾一队，平均株高25.2厘米，最高达35厘米。

在1974年2月中旬油茶苗即将出圃时，检查了三个点油茶苗生长情况，发现南华林场油茶苗有冻害现象，受害严重的顶梢已受冻枯死，下部叶片有了冻伤，有三分之一到二分之一叶片受冻僵死，茎表皮受冻裂开。濂水林场只有少数植株叶片尖部稍微受冻，张家湾村的油茶苗叶挺拔，丝毫没有受到冻害。

上述情况，初步分析原因如下：1.塘口地势稍高，且周围有山；而马家咀地势开阔，且较低。因"霜打低洼处"，可知马家咀更易受冻害。2.张家湾村油茶苗长在沙土上，比较湿润，降温缓慢，南华林场油茶苗长在粗重沙壤土上，土壤比较干燥，散热快，易受寒害。3.张家湾村抓紧了油茶后期的施肥管理，油茶苗生长苗壮，有一定抗寒力；而南华林场放松了后期管理工作，油茶苗越冬的物质基础较差，更易受冻害。4.南华林场地处开阔的平川易受冬季干燥寒冷风侵袭，容易受到冻害，濂水林场和张家湾村周围群山环抱，对风势起了减缓作用。

表 1-5 南郑区引种广宁红花油茶 1974 年幼苗植株考种表

项目 地点	考种 日期 月日	考种 株数	株高（厘米）			叶片 数	根径 毫米	主根 长厘 米	侧根 数	根长（厘米）			备注
			最 高	最 低	平 均					最 长	最 短	一 般	
南华 林场	2.8	10	22	11	17.3	9.4	5.5	17.1	120	10.0	0.3	1.5 ～3.0	部分顶梢受冻枯死，部分叶片轻微冻伤
濂水 林场	2.11	10	25	14	19.5	8.6	6.2	17.5	71	11.0	0.5	1.5 ～4.0	少数植株叶部稍微受冻
张家 湾村	2.15	10	35	17	25.2	12.0	5.9	19.4	92.5	14.0	0.5	2.5 ～4.0	植株生长健壮，有的分枝，枝上着生5～8片叶

问题讨论

南郑区直接由广东省引来广宁红花油茶，这是一个尝试，采用油茶育苗的办法，这在我省亦是首次，两者都是有成就的。这不仅给我省油茶增添了新种，同时摸索出了油茶育苗的一些经验，为我省油茶发展开辟了广阔的道路。

这里我们提出以下意见供讨论，为今后更好搞好油茶育苗工作参考。

第一、做好种子处理，土壤保温保湿工作，促使早出苗，早齐苗。三个点观察调查表明，油茶出苗较迟，从见苗到齐苗需时太长，油茶苗长的高低悬殊影响出圃移栽。据湖南永兴县的经验，采用温水催芽可缩短发芽时间。即用 40℃ 的温水浸泡 10～15 天，水以浸到种子为宜，每天早晚换两次水，等籽仁膨胀后把种子捞出，把水沥干，再播种，这样可比未处理的提早 10～15 天发芽。种子播种在苗床以后，用稻草覆盖，待齐苗后再把稻草揭开，这样可促使早出苗，出苗整齐。

为抑制主根生长，多长侧根，便于移栽，可采用"苗床拣底法"，将离苗床 9 ～ 12 厘米深的土壤适当捣实；及"苗床杉树皮垫底法"，把苗床挖深 15 厘米，将杉树皮垫底，表皮向上。第二、做好土壤消毒，保护植物，减少病虫危害。

1973 年八月下旬在濂水林场发现根腐病成片危害。如果我们在播种前结合翻耕对土壤消毒，每亩撒六六六粉 2 ～ 2.5 千克，这样可杀死土壤中的越冬害虫。种子采用西力生，赛力散拌种可杀死病菌。在苗期每隔半月喷洒一次百分之一浓度的波尔多溶液可消灭病害。

第三、采用适当的遮阴办法，促使油茶苗快长，长壮。

油茶幼时喜阴，成林喜阳，这是油茶栽培基地都懂得的道理。尤其 6、7、8 三个月剧烈的日照易晒死油茶苗。人工搭荫棚，成本太大，不宜大面积推广。用农作物遮阴的办法，既收到遮阴的效果，使油茶苗得到管护，又可使作物得到收益，两全其美，作物种植的密度以能遮住太阳的直射为宜。用作物遮蔽必须加强施肥管理的措施，避免油茶、作物争肥现象，促使油茶苗更快生长。

第四、在马家咀等地红花油茶苗受了些冻害，这主要是从广东直接引至南郑，植物适应上的差异，本地油茶是不会受冻的。这说明远地引种最好先做引种试验，待肯定该品种适应本地条件时再大量引种。如急待引入良种，也应该加强管护，避免病虫害，伤冻等。

主要参考文献

[1] 湖南省永兴县革命委员会 .《油茶的栽培》[M]. 农业出版社，1972.

[2] 中国林科院林科所树木改造研究室，广西农学院作物选种教研组 . 中国油茶物种及其栽培利用的调查研究 [M].1959.

[3] 何国彦 . 造林学 [M].1958.

[4] 南郑区气象站 . 一九七二——一九七四年气象月报表 [M].1975.

[5] 广宁县革委会林业工作站，广宁县革委会农林学校 . 广宁县主要树种经营方法 [M].1970.

（原载《植物研究》1973 年第 1 期）

南郑区两河油茶林场简介

1976年冬季以来，在南郑区和两河乡党政的坚强领导下，在西北植物研究所的大力协助下，发动三千多群众，大干一个星期，把夕日的横大梁荒山坡修成2 927条反坡梯地（梯条最长为405米，一般为120米左右，梯带宽1.3～1.6米）。总面积有23 015亩。同时修2 000米的盘山公路。修5 000米石砌梯式排水沟六条。修4 000米的绕山排水沟两条，水塘三口。办起了南郑区两河乡油茶林场。

油茶场成立了科学研究小组。从全国引进攸县油茶、腾冲红花油茶、浙江红花油茶、越南油茶等十一个油茶种。同时引进永兴中苞红球、岑溪软枝油茶、风吹油茶等三十个优良油茶品种和优良单株。开展油茶大树移栽、催芽去根夹共快速育苗、扦插等多项繁殖技术研究。栽植油茶八百多亩。取得了很大成绩，受到省地县多次表彰、奖励。1983年获得陕西省科技成果二等奖。

图1-1 1976年两河横大梁荒山旧貌

图1-2 1976年冬季改造后横大梁旧貌换新颜

1978 年全国油茶良种选育调查组十三省代表在油茶场作了考查。对油茶场的发展和科研评价较高。油茶场已作为陕西省油茶良种来穗圃和陕西省油茶种质资源圃。2020 年油茶场已建场四十五周年。漫山遍野的油茶树长得郁郁葱葱。红花油茶绽放着艳丽的花朵，喜迎八方来客。油茶树正是青春结果期，每年油茶场以百万千克的油茶果奉献给社会。

（本文原载汉中市科技局科技资料《木本油料专辑》1977 年第 1 期）

陕西、河南、湖北三省
油茶生产科研情况调查总结

一

我国食用油料向木本化方向发展，建立油茶基地，提高油茶单产，扩大油茶栽培区域，是当前生产和科研急需解决的问题。为此，经中国农林科学院同意，在林业科学院亚林所的主持下，由湖南、江西、广西、浙江、广东、安徽、四川、云南、贵州、福建、陕西、湖北、河南等十三个省（区）的科研、教学和生产单位的代表 22 人组成的调查组，从 1978 年 7 月 10 日至 8 月 4 日对油茶分布北缘地区，包括陕西汉中、南郑、安康、汉阴县；河南省仪阳市、新县，湖北省麻城、红安县等油茶新老产区进行了气候、土壤、植被等生态条件，油茶的生长发育和生产力调查。

调查地区位于巴山、长江以北，黄河、秦岭以南，北纬 31°31′～34°34′，东经 107°～115°，海拔在 200～800 米，属低山丘陵地区，年平均气温 15℃ 左右，年最高气温 42℃（河南省新县），年最低温 −17℃（河南新县），大于或等于 10℃ 的积温 4 000 至 5 000℃，无霜期 200～270 天；年降雨量 800～1500 毫米，但雨量分布不均匀，除汉中地区在 7～8 月降雨较多外，其余地方均是夏季高温干旱，属北亚热带气候类型（个别地区如仪阳市已在此类型之北）。

调查地区的土壤主要是千枚岩、紫色沙岩、云母片麻岩等母岩风化而成；在汉中安康地区的调查中，低丘多属紫色沙岩风化前期紫色土，质地疏松，海拔较高的低山中心如凤凰山一带的土壤丘陵地区土壤，多属千枚岩风化而成，岩石裸露，土层浅薄，属山地黄壤；河南新县一带的低山丘陵地区土壤，多属云母片麻岩风化而成的黄棕壤，pH 6～7（上层中性，下层偏酸）；湖北麻城一带土壤多为云母片麻岩风化，形成的微酸性轻沙壤，土层较为深厚、疏松，有机质含量较低。

调查地区的主要植被有山杨、马尾松、杉木、枫香、棕榈、木姜子、山胡椒、盐肤木、杜鹃、葛藤、刺葡萄、五味子、菟丝子、乌蔹莓、悬钩子、木通、野葡萄、杨桃、紫藤、拔葜，笔管草、白茅等。

调查地区的油茶有 300 年以上的栽培历史。从成林和幼林的生长发育情况看，与湖南、江西、浙江、广东、广西等油茶生产区相比较，无论是新梢生长、花芽分化、结实情况均为正常，在历史上曾经出现过高产片和高产单株。如陕西汉中南郑区塘口乡张家湾村，在 1972 年出现两亩产茶油 66 千克的林地，同时在这里看到两株百年以上的"油茶王"，其中一株 1973 年单株产干籽 70 千克，折油 15.4 千克；河南省新县代咀乡黄湾村油茶园一带三百年以上的老林，这次调查平均亩产茶果 75 千克，折油 5 千克，仍有一定生产能力。

从幼苗和苗木生长情况来看，陕西南郑区两河乡油茶场山地苗圃，两年生苗高 40 ～ 60 厘米，地径均在 0.3 厘米，表现出生长正常而健壮；如湖北省五脑山林场于 1974 年春用一年生苗造林，这次调查树高平均 1.29 米，冠幅平均 1.17 米 × 1.07 米，已结果株占 89%，产果 48 千克，折油 2.9 千克。说明在经营管理措施跟上的情况下，是可以实现速生丰产的。根据以上的调查情况，充分证明陕西的汉中、安康地区、河南的信阳市、新县、湖北的麻城、红安县等地的土壤、气候条件是可以满足油茶生长发育的基本要求，可以大力发展油茶生产，建立油茶生产基地。

二

在毛主席"以粮为纲，全面发展"方针的指引下，各级党委在抓紧粮食生产的同时，治山造林发展油茶生产方面积累了丰富的经验。取得了可喜的成绩。

把油茶生产列为党委议事日程，作为新时期总任务的一项重要内容。层层有人抓，持之以恒，抓出成效。自第一次全国农业学大寨会议后，各地领导对"以粮为纲，全面发展"的方针有了进一步的认识，"采取既抓千斤粮，又抓万宝山"的积极措施，经过不太长时间的努力，已初见成效，陕西安康地区还根据本地"八山一水一分田"的自然条件，决定积极发展油茶生产，走食用油料木本化的道路。从 1976 年起成立油茶会战指挥部，发动群众，在安康、汉阴、石泉沿凤凰山一带建油茶基地，仅两个冬春就营造油茶林十万亩。湖北麻城市福田河镇凤簸山村经过几年的抓粮治山，实现了粮油双丰收，1975 年收获茶籽 11 750 千克，向国家提供茶油 23 500 多千克，"每人平均 24.25 千克"；1976 年粮食总产 469 150 千克（平均公顷产 1 470 千克）；每人平均收入 107 元。河南新县代咀乡黄湾村排除错误路线的干扰，长期坚持林粮并举发展山区生产。连续五年亩产超 500 千克，七年共向国家交售茶油 23 500 千克，支援了国家社会主义经济建设，壮大了经济，改善了人民生活。

大搞群众运动，建立油茶新基地。在发展油茶过程中，各地领导深入基层，发动群众，集中领导，集中劳力，集中时间组织治山改土筑梯地，垦复茶山建样板的"大会战"效果很好。湖北红安县高桥乡，学大寨的革命精神，走大寨改天换地的道路，领导干部和群众一起干，从 1975 年冬开始每年集中五千多人治山，奋战了三个冬春，治理了七个村方圆 5 公里的 48 个砍石岗，炸石垒坝开出了 96 300 千米长的水平梯地，种上油茶林 610 公顷。同时还修筑了贯穿整个基地的汽车路 20 公里和 25 公里的人行道，初步建成了一片高标准的油茶新基地。

办好油茶场，管好油茶新基地。在油茶基地建设中认真办好乡村油茶林场是巩固造林成果的一项得力措施。经过多年的实践，各地吸取了过去"造林一阵风，种后无人管"的教训，采取"造上一片林，留下一批人，办起一个场，管好一片林"的办法，根据我们所到的七个县的统计在建油茶林基地时办起了林场 245 个，固定专业队伍近三千人，担负着新建油茶基地的长期管理任务。如陕西南郑区两河乡油茶场于 1975 年与油茶基地同时建立，坚持以油茶为主，全面发展，除抚育管理好八百多亩油茶林外，还培育了十多万株油茶苗；他们坚持自力更生办场的方针，自己动手盖起瓦房十八间，林地间种收获粮食 17 500 千克；为油茶基地的进一步发展打下了一定的物质基础。

革新生产技术，开展科学实验。在油茶新基地的建设中，各地已逐步改变过去"一锄一穴一把子"种油茶的旧习惯，普遍采取等高梯地，大穴撩壕，选用良种，培育壮苗等技术措施。湖北麻城区风簸山村坚持高标准、高质量、高速度发展油茶生产，仅 2 季度就挖一米见方的种植穴八万多个，栽植油茶一千多亩；五脑山林场采用排炮炸山，砌石筑梯地，选良种壮苗营造的母树林，六年生亩产茶油 2.9 千克，各地都建立了一批速生丰产林、样板林、母树林，是油茶基地建设向更高的标准迈出了新的一步。

随着油茶生产的不断发展，各地科研单位派出科技人员在生产第一线设点，不少生产单位成立了科研小组，围绕当地油茶生产中急待解决的技术问题，实行专业人员与群众相结合，展开了油茶良种选育，引种试验活动，进行了扦插、嫁接、老林改造、辐射育种等十多个项目的研究，并取得了一定的成绩，特别是在油茶优树的选择，物种的引种方面，据不完全统计汉中、安康、新县、麻城等地已选出优株 850 多株，麻城 7408 号优树 18 年生连续四年平均 7.25 千克，每平方米产果 1.335 千克，鲜出籽率 45.8%，种仁含油率 50%，表现了优良单株的优良性状。南郑区两河油茶场自 1976 年先后引种浙江红花油菜、广宁红花油茶、大果油茶、腾冲红花油茶、攸县油茶，以及普通油茶中的优良类型，经三年观察，初步看出攸县油茶在陕南海拔 600 米左右的地区表现出抗旱耐寒，开花结果早的特点，而广宁油茶、大果油茶都受到严重冻害而死亡。

在油茶林的抚育管理和老林的改造方面，各地因地制宜采取了相应的技术措施。有的采取砍除杂灌，去劣留优，纯化群体，调整林相，挖密补稀；有的采取截干更新、嫁接换冠，也有采取撩壕开垦，保持水土的措施，对挖掘现有油茶林的生产潜力，尽快增产油料都起到了良好的作用。

<h1 style="text-align:center">三</h1>

在这次三省调查中，我们看到各地在油茶生产和科研方面还存在一些值得探讨的问题：

在调查中看到各地都有一定面积的老油茶林，其特点是衰老、荒芜、林相不整齐、品质优劣、产量不高，个别地方病虫危害严重，炭疽病发病率高达 60% 以上。对于这类老茶林，只要通过合理的抚育改造，它的生产潜力是较大的。如新县黄湾村，1975 年采取筑梯带、砍杂灌等措施后，油茶产量比相邻未垦复的提高一倍以上，连续几年每公顷产茶油 150 千克。事实说明，油茶不是天生低产的，也绝不是靠喝"露水"、啃"黄泥"就能获得丰收的。

当前，各地在狠抓新油茶基地建设的同时，应采取各种相应措施，把老茶林迅速垦复过来，逐步加以改造，恢复青春。

搞好油茶基地建设是向山要油，逐步实现食用油料木本化的根本措施。但是，一些地方对中央提出的食用油料木本化的战略意义认识不足，抓的不够扎实；在规划方面有的不集中连片，有的强调了集中成片，而又忽视了适地适树；在整地造林方面，要求不严，质量不高，甚至还习惯用"一锄一穴一把籽"的十分落后的造林方法；油茶良种工作，在基地建设中未能引起足够的重视，许多地方造林用种都是采用未经选择的良莠混杂种子进行造林，这样，后果将是十分严重的。

我们认为，油茶基地建设是百年大计，每一个环节都应该坚持高标准、严要求，特别是种苗问题更应该对待。首先是挖掘当地的良种潜力，广泛发动群众，积极开展选种和引种外地优良品种，建立种子基地；其次是培育二年生的壮苗上山造林；第三是加速优树无性苗的繁殖利用，并积极推广容器育苗。

科学研究必须走在生产的前面。我们认为各地在研究油茶的内容方面，一定要把当前当地生产中存在的急需解决的关键问题作为重点课题，如油茶新发展区要研究良种。造林技术和速生丰产问题；老油茶产区应以研究垦复、丰产技术等问题、采取打歼灭战的办法，进行攻克，要不断地壮大科技队伍，提高业务水平，推广科技成果，以便为油茶基地化作出新的贡献。

油茶北移扩大栽培范围，是一个科学性十分强的问题，必须慎重对待。目前，不少地方已将油茶逐渐向北推移，栽培面积不断扩大，但由于气候或土壤条件的影响，在北移过程中，遇到了不少的问题。我们希望，对于引种中出现的问题应该进行科学的总结，积极进行试验以便使油茶北移工作取得更大的成绩。

在陕西汉中、安康、商洛、河南的信阳以及湖北黄冈等区有较大面积的油茶林，如陕西汉中地区有油茶面积 4 万亩，年产茶籽 20 多万千克，河南信阳地区有油茶 10 万亩，年产茶籽 175 万千克。对国家做出了一定的贡献。但是，在油茶生产中也反映了一些问题，如油茶垦复，新区发展都得不到应有的扶持，建议上级有关部门，落实党的政策。

这次调查中受到了各级党政领导的热切关怀和大力支持，使我们的工作能够顺利地开展并圆满地完成了任务，在此我们表示衷心的感谢。

经过一个月的调查研究，使我们不但学习到了许多油茶生产

图 1-3　1978 年全国油茶良种选育调查组在南郑区两河油茶林场考察油茶苗生长状况

和科学研究方面的宝贵经验，而且还学到了各地人民在社会主义建设和发展中战天斗地，改造山河的决心、气魄和干劲。我们决心和全国人民一起，为早日实现食用油料木本化而努力。

大家认为，全国油茶科技协作会议自 1974 年在湖南永兴召开至今已四年多了。四年来，全国各地在良种选育、速生丰产、病虫防治等方面都做了不少工作，取得了一定的成绩。为了交流经验，总结科技成果，讨论制定 1980—1985 年全国油茶科技协作计划，落实任务，使油茶科技工作大干快上，更好地为社会主义建设服务。特向中国林科院建议于 1979 年 8 月在云南省广南县召开第二次全国油茶科技协作会议。

（本文原载《浙江油茶科技》1999 年第 1 期）

油茶引种初报

李行山（长安区林果站）　　梁志杰（长安内苑村园林场）

油茶（*Camellia Oleifera* Abel）是山茶科茶属的常绿小乔木，是我国南方各省主要的油料树种。我省安康、汉中、商洛三个地区十六个县均有栽培。为了丰富秦岭北麓的造林树种，满足民用和工业用油，改善人民生活，壮大集体经济，长安区滦镇内苑村园林场，于 1966 年冬，由安康市引种油茶，进行了播种育苗及栽培，历时 14 年，引种的油茶生长发育正常，已开花结实、传种接代，现初报如下。

引种点自然概况

内苑村园林场，地处秦岭北麓中段，小地形属山麓地带，位于东经 108°58′，北纬 33°59′，海拔 640 米。据长安区气象站 1966—1978 年气象资料：年平均气温 13.3℃，绝对最高气温 40.1℃，绝对最低气温 -17.5℃。年平均降水量 591.5 毫米，多集中在 7、8、9 三个月，年蒸发量 1 145 毫米。早霜 10 月下旬，终霜 3 月上旬。风力 1～2 级，最大 6 级。试验地为农耕地。pH 5.5，沙壤土，比较贫瘠。

引种栽培

1966 年 11 月中旬播种，1967 年 5 月中、下旬出苗，当年生长高达 17 厘米。1970 年春用三年生苗（苗高 54 厘米），带土定植在桃树行间，穴距 0.83 米，每穴 2～3 株，南北栽植一行，共 150 穴，350 株，面积约 134 平方米。

定植区西边有茶树，距茶树 1 米；东边有桃树，距桃树 1.1 米。

油茶栽植后，未进行施肥，只进行一般中耕除草，干旱时灌水，管理较粗放。定植的株（穴）间距离太近，大部分形成绿篱状，与茶树、桃树竞争养分和光照，植株多年处于被压状态。由于多方面原因，目前仅留 92 穴，115 株。现将保留较完整的植株的生长发育状况调查如下表：

表 1-6　油茶生长发育调查表

（调查日期：1980 年 4 月 11 日）

编号	树龄（年）	树高		根径		冠幅		结实状况	备注
		总高（米）	年平均高（米）	总量（厘米）	年平均量（厘米）	东西（米）	南北（米）		
01	14	2.1	0.15	7.1	0.5	1.5	1.4	良好	冠幅交叉轻
02	14	2.2	0.15	6.2	0.4	1.9	1.9	—	冠幅不交叉
03	14	2.3	0.16	6.8	0.4	2.1	1.5	中等	冠幅交叉重
04	14	2.3	0.16	5.6	0.4	1.6	1.4	—	—
05	14	2.0	0.14	5.2	0.3	2.1	1.8	良好	—
06	14	2.6	0.18	8.2	0.5	1.8	1.5	中等	—
07	14	2.3	0.16	6.8	0.4	2.0	1.6	良好	—
08	14	2.3	0.16	5.8	0.4	1.9	2.1	—	冠幅不交叉
09	14	2.3	0.16	5.7	0.4	2.4	1.5	—	冠幅交叉重
10	14	2.2	0.15	5.6	0.4	2.7	2.3		
平均		2.3	0.15	6.3	0.4	2.0	1.7		

从表 1-6 可以看出，14 年生的油茶树，平均高 2.3 米，最高达 2.6 米；根径平均粗 6.3 厘米，最粗达 8.2 厘米；平均冠幅 1.8 米，最大冠幅 2.5 米，一般东西冠幅大，南北冠幅小。

自引种以来，一般年份没有发生冻害。仅在特殊年份，即 1976 年发生冻害。这年冬最低温度为 -11℃，低温过程持续时间较长，-10℃左右的低温达半月之久，冻土厚度 15～20 厘米，入冬后 70 多天降水量仅 3.8 毫米，相对湿度最低日（12 月 26 日）为 34%，并伴有 1 米 / 秒左右的风力，至 1977 年元月下旬，又连续有两天 −17℃以下的低温。由于低温、失水和风吹三者综合作用造成生理性干旱，茶树地上部分已全部冻枯，而油茶仅冻枯了 17 厘米的新梢。当年 3 月剪除了枯梢，同时又挖掉了欺压树——桃树，加强了管理，油茶又恢复了生机。

定植的油茶，1972 年普遍开花结实。初花期 9 月中下旬，盛花期 10 月上中旬，末花期 11 月下旬。果熟期 10 月上旬，发芽期 4 月中旬。1978 年结实 13.7 千克，1979 年结实 14.5 千克，每穴平均 150 克。种实发育正常，1977 年播种的种子发芽率在 90%以上。历年种子、苗木支援给新疆、临潼、西安等地。

小 结

油茶引种到秦岭北麓长安区境内，历时 14 年，在株（穴）距过密、管理粗放的情况下，年平均生长高达 15 厘米，年平均根际径生长 0.4 厘米，生长发育良好，能正常开花结实，引种初步获得成功。今后应进一步扩大试验，选育良种，观察其生物学特性和探索丰产栽培措施。

（本文原载《陕西林业科技》1979 年第 1 期）

油茶在秦岭北麓开花结果

陕西省长安区内苑乡地处秦岭北麓，北纬 34°03′，东经 108°50′，土壤为沙壤土，微酸性，年平均温度 13.2℃，年降水量 687.4 毫米。1966 年内苑村从陕南安康市引进油茶试种，现保留油茶 102 株。油茶播种后，第 3 年开花，第 4 年少量结果，第 5 年产茶果 10 千克，1973 年产茶果 40 千克。1976 年冬到 1977 年春，气温剧烈下降，元月份长安最低气温 −17.1℃，−10℃低温持续半月之久；70 多天总降水是 3.8 毫米，空气湿度下降到 34%。干旱和低温使嫩梢冻坏（这一年南方一些地区油茶也同时受冻，造成减产），但整个油茶植株却安然无恙。1978 年结果 13.7 千克，1979 年结果 14.5 千克，至今，在秦岭北麓油茶已安全度过了 15 个冬春，现在，这一百多株油茶平均株高已达 219.2 厘米，平均冠幅 180 厘米 ×216 厘米，干基最粗 11 厘米。从花芽情况看，今年仍有较高产量。油茶在秦岭北坡落户，使油茶分布区向北推进了约 1 度。

（本文原载《植物杂志》1981 年第 1 期）

从南郑区油茶生产现状与其潜力
论及陕南油茶发展前景

李玉善

（西北植物研究所）

南郑区南踞巴山，北临汉江，地势南高北低，油茶林面积约占全省油茶面积的五分之一，是陕西省油茶生产基地县。本县属北亚热带，年平均温度 14.5℃，一月平均气温 2.3℃，七月平均气温 26℃，年降水量 905 毫米，无霜期 247 天。在山地与平川之间是浅山丘陵，除汉山外，大部分海拔 600～800 米之间，约占全县总面积的 28%，土壤为黄褐土，酸碱度 5.5～6.0，是油茶、油桐等经济林分布区。

南郑区委和林业部门对油茶生产发展一向很重视，并制定有较切合实际的远期和近期的规划。1970 年以来，在省、地、县各级科委的领导和支持下，我所以南郑区为基点，对油茶进行了大量调查研究和试验分析工作，取得了一些成果，现把有关资料提出来供大家讨论参考，不当之处，请批评指正。

一、油茶生产发展概况

南郑区油茶何时引种，传说纷纭，但无据可查。现从三百余年生大油茶树看来，南郑区种植油茶的历史至少也有 300 多年了。据南郑区计委统计（见图 1-4），解放初期，全县有油茶 58 公顷，年产干茶籽约 3 万千克（折茶油 0.75 万千克）。1964 年全县油茶面积发展到 300 公顷，年产干茶

籽 5.5 万千克（折油 1.375 万千克）。1973 年全区油茶面积为 926 公顷，
年产干茶籽 9.44 万千克（折油 2.36 万千克）。1978 年后油茶生产飞速发展，
全县油茶面积发展到 3 689 公顷。年产干茶籽 32.4 万千克（折油 8.1 万千克）。
1980 年 12 月统计，全县有油茶面积 3 695 公顷，其中已投产的为 833 公顷。
产油茶籽 13.87 万千克（折油 3.5 万千克）。说明油茶大小年产量相差悬殊，
有 2 928 公顷亩油茶马尾松混交林。随着油茶林的发展，油茶籽产量与日
俱增。提高了油茶的商品地位。由于油茶林覆盖面积的增加。对改善浅山
丘陵的生态条件起到重要作用。1981 年秋，油茶林和马尾松林一样，在保
持水土，防止雨水冲刷，减缓洪水灾害中发挥了显著作用。

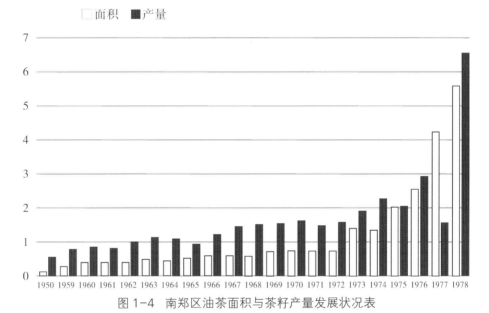

图 1-4　南郑区油茶面积与茶籽产量发展状况表

全区油茶主要分布在浅山丘陵六个区的三十五个乡中（见图 1-5）。
其中岭镇有油茶约 1 885 公顷，约占全区油茶面积的二分之一，该区塘口
乡有油茶 981 公顷，占全区油茶总面积的二分之一强。塘口乡在南郑区南部，
紧邻高山区。全社总人口 7 540 人，耕地面积 504 公顷（其中水田 383 公顷，
旱地 155 公顷），平均每人一亩耕地，二亩油茶山。油茶生产在塘口经济
收入中占据重要位置。塘口乡张家湾村 1 号油茶王，株高 7.2 米，冠幅长
宽各 9 米，地径为 50 厘米。最高年产油茶 17.5 千克，在全国油茶单株产
量中名列前茅。

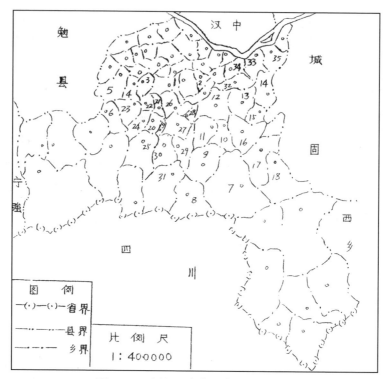

图 1-5　南郑区油茶分布乡示意图

1975 年塘口乡以油茶完成国家油料生产任务后，每户（1 559 户）平均分油 6.5 千克。近年来，陕西油茶大发展，塘口乡以大量优质油茶种籽支援兄弟县市，仅 1975 年就调出 63 771 千克油茶鲜籽。陕西人民交口称颂塘口乡为"油茶之乡"。塘口乡解放初期仅有 200 余亩油茶林，产籽量不到 5 000 千克，现有的油茶林都是新中国成立后发展的，尤其 1973 年以后油茶生产发展更为迅速（见图 1-6），成为全省发展油茶生产的良好榜样。为了挖掘油茶生产潜力，开展好油茶科学研究工作。1977 年在我所倡导下成立了南郑区两河油茶林场，五年来，开展了引种、育种和繁殖栽培等科学试验，对于培养油茶技术骨干，推动陕南油茶生产做出了一定的贡献。

二、油茶生产潜力及经济效益

南郑区有经济林面积 5979 公顷，油茶林占经济林面积的 61.7%，南郑区人民政府计划从 1981 年到 1985 年再发展油茶 1 535 公顷。因此，发掘油茶生产潜力，对于增加油茶产量，改善山区人民生活，提高食用油水平，都是至关重要的。1977 年以来，我们开展了油茶成林的垦复、间伐油茶林中的马尾松，以及油茶修剪等多项试验，从理论和实践上证实了油茶增产的诀窍在于狠抓一个"管"字。油茶林稍加管理，油茶产量将成数倍增长。

表1-7　油茶分布乡名单

1. 连山	2. 白马	3. 焦山	4. 殷家坝	5. 华山	6. 钢厂
7. 回军坝	8. 小坝	9 秦家坝	10. 牟家坝	11. 里八沟	12. 高家岭
13. 湘水	14. 海棠	15. 红旗	16. 兴隆	17. 法镇	18. 桂花
19. 水井	20. 岭镇	21 团结	22. 濂水	23 两河	24 高石
25. 塘口	26. 青树	27. 塘坊	28. 冉家	29. 红茶	30. 红土
31. 红星	32. 界牌	33. 马家咀	34. 胡家营	35. 山口	

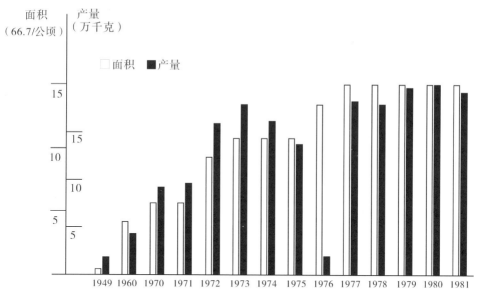

图 1-6　南郑区塘口乡油茶面积与茶籽产量发展状况表

油茶林阶梯式垦复简便易行，增产显著。

油茶产区群众流传着两条谚语。一条是"自古茶山无人养，摘时茶果满箩筐"；另一条是"茶籽是个怪，扔到坡上采"。由此可见，群众对油茶管理的重要性认识不足，由于油茶林长期处于荒芜状态，因此，油茶产量低而不稳，亩产茶油平均仅有 2.5 ～ 5 千克。

南郑区油茶林的立地条件多是山高、坡陡、土层薄，加之雨水多，一般的垦复措施容易引起水土流失，淌下的泥沙会冲压坡下的农田。为了避害兴利，1977年以来我们做了小型的油茶林阶梯式垦复试验。五年来试验证明，这种办法是经济而有效的。

油茶垦复的时间是在油茶假休眠期（11月中旬至次年二月下旬）。垦复的办法是去除油茶林内的杂灌木，挖去过密的油茶株，稀疏的地方进行补栽，修除油茶植株的脚枝，改善光照条件。油茶林沿等高线修成梯台式，梯台地高1米左右，梯台外高内低，梯面宽1.2～1.3米。梯台间留草带，保护梯台，免受雨水冲刷。油茶树冠内要浅除杂草，树冠投影以外要深挖到20～30厘米。

1977年冬季在塘口乡张家湾开展垦复试验，实验前，用作垦复的地每公顷产茶果224 205千克，对照每公顷产1 276千克。当年因为修剪太重，1978年垦复地产量略受影响。1979年垦复地产量大幅度上升，亩产茶果是未垦复地的5.8倍。1980年因故未来得及计产，1981年垦复地亩产茶果是未垦复地的8.9倍（见表1-8）

表1-8 塘口乡张家湾垦复与未垦复对比

年份	垦复			未垦复		
	面积（公顷）	产量（千克）	千克/公顷	面积（公顷）	产量（千克）	千克/公顷
1977	0.0627	140.5	2232	0.0847	108	1276
1978	0.0301	48.5	1617	0.036	71	1972
1979	0.0311	194	6230	0.0364	39	1071.95
1981	0.0311	179	5750	0.0364	23.5	696

＊王锡明、胡光明参加部分工作

1977年在塘口乡红卫山选了一块地进行垦复试验，面积为2亩。红卫山为红沙土，土层厚18厘米，18厘米以下为岩石，1977年曾挖过梯台，梯面宽0.33米，留草带1.66米。1979年春施了40千克碳铵，同时深翻。垦复前，1979年垦复地每公顷产茶果892.5千克，未垦复地亩产茶果140斤；而垦复后的第二年，垦复地每公顷产茶果2303千克，未垦复地仅有1 470千克（见表1-9）。试验表明垦复"当年见效，二年增产，三年大丰收"的说法是正确的。

表 1-9　塘口乡红卫山油茶垦复与未垦复产量对比

年份	垦复千克/公顷	未垦复千克/公顷
1979	893	1050
1980	1455	998
1981	2303	1470

＊胡光明参加试验

垦复后，油茶生长发育变化明显，垦复后的油茶叶绿、枝壮、春梢长、花芽多。而未垦复的油茶叶子淡黄绿色，枝梢细嫩、春梢短，花芽明显减少。1974 年我们调查了两块油茶林，垦复的油茶春梢长 21.5 厘米左右，未垦复的油茶春梢长仅 11.9 厘米左右，春梢长短几乎相差 2 倍。

改混交林为纯林，改善油茶立地条件

油茶幼苗喜阴，大树喜阳。南郑区在发展油茶时把马尾松和油茶间种，油茶幼苗在马尾松树荫下，避开了烈日暴晒，因此较易成林，但对成年油茶来说，情况就不同。南郑区全年日照时数为 1 685 小时，7、8、9 三个月当油茶长果形成油脂的时候，恰逢雨季，日照对果实形成本来就显得不足。因此，在马尾松荫蔽下的油茶树，对于花芽形成，果实成长，光照更显不足。我们选了两块油茶林，一块 1977 年伐去马尾松，另一块未间伐马尾松（见表 1-10）。生长在马尾松林中的油茶，节间长达 12 ～ 13 厘米，枝条细弱、主干成单杆型、叶片大而薄，淡绿色，单株结果寥寥无几，结果株占总株数 43%，一半以上植株未结果。而伐去马尾松的油茶林，结果株占总株数 97%，仅有 3 株未结果。伐去马尾松的油茶树干半米高的光合强度为 0.229 毫克 CO_2/平方分米·时，而未伐去马尾松的油茶林半米高的光合强度为 0.181 毫克 CO_2/平方分米·时。

表 1-10　南郑区两河乡油茶林（十八年生）间伐和未间伐马尾松比较

观察项目　间伐与否	株高（厘米）	基径（厘米）	冠幅（厘米）南北	东西	丛株	株数/丛	春梢长（厘米）	相对照度（%）	光合强度CO_2(毫克/平方分米时)	千克/公顷（测产）
1977 年伐去马尾松	211.24 ± 7.7	3.59 ± 0.17	134.52 ± 5.56	132 ± 5.16	775	3.24 ± 0.24	21.6 ± 1.2	4.821 ± 0.955	0.299	6172
未伐马尾松	151.7 ± 8.88	2.07 ± 0.17	97.83 ± 6.77	103.83 ± 7.63	611	1.87 ± 0.21	1.87 ± 0.21	4.09 ± 0.589	0.181	307

＊相对照度在油茶林主干 0.5 米高处测定

经测定，仅伐去马尾松而未加其他措施的油茶林，每公顷产茶果6 172千克，而未伐马尾松的每公顷产茶果为307千克，前者的产量为后者的20.1倍。油茶林中的马尾松株高6.79±0.29米，胸径6.98±0.37厘米，每公顷有马尾松10 655株。

我们认为，必须间伐油茶苗林中的马尾松。每公顷地有马尾松10 655株，加上油茶9 000株，总计19 655株，这样大的密度，形成马尾松和油茶相互争夺水分、养分和光照，结果都生长不好。最近我们间伐了一批十八年生马尾松，本想作为小径材，由于马尾松树干弯曲不直，经检验不合格，后来全当劈柴处理。间伐去马尾松的油茶林，以平均每公顷年产油茶225千克计，累积起来，产值远远超过马尾松的产值。

修剪油茶，改善油茶通风透光状况

油茶在当年春梢上形成花芽，秋末冬初开花结果。枝梢逐年向四周伸展，形成表层结果。加之徒长枝、下垂枝、冲天枝的生长，很容易郁闭。看上去枝繁叶茂，实则花果很少，产量低。修剪油茶，即可除此弊病。油茶修剪主要分为整体修剪和一般修剪两种。整体修剪其目的是把油茶树修剪成圆头形、半圆头形、开心形及变侧主干形等丰产树形。一般修剪主要是剪去过密枝、徒长枝、枯枝、病虫枝、交叉枝、重叠枝、脚枝，使油茶内膛空虚，枝叶舒展，通风透光，给油茶树立体结果创造优越的条件。

1982年修剪了两河油茶场丰产的油茶林。修剪的油茶林半米高的相对照度为（17.11±3.47）%，光合强度为1.531毫克CO_2/平方分米·时，而未修剪的油茶树半米高的相对照度为（4.421±1.27）%，光合强度为0.861毫克CO_2/平方分米·时，修剪收到的效果良好（见表1-11）。

表1-11　修剪与未修剪油茶林（十八年生）植株状况＊

项目 处理	春梢长 （厘米）	冠幅（厘米）		分枝数	相对光照 （%）	光合强度 CO_2 （mg/dm^2·h）
		南北	东西			
修剪	26.28±2.49	151.1±10.79	163±0.16	18.4±1.22	17.11±3.47	1.531
未修剪	20.65±1.66	194±12.91	197±13.43	30.2±3.344	421±1.27	0.861

＊相对照度在油茶树主干0.5米高处测定

适当施肥

陕南酸性土壤，养分比较贫乏。根据我们对南郑区塘口乡和两河乡山地土壤分析，土壤中有机质含量为0.6%～0.33%，速效氮含量为33～57毫克/千克，速效磷含量为1～8毫克/千克，速效钾含量为3～102毫克/千克，土壤中普遍缺磷（见表1-12）。

表1-12　两河油茶场水塘边油茶林地土壤分析*

土壤层次	采土深度（厘米）	分析结果							全磷 P_2O_5（%）
		pH		活性有机质（%）	全氮（%）	速效性（毫克/千克）			
		水	盐			水解氮	磷	钾	
表土	1～20	6.30	5.30	3.01	0.14	57	7	102	0.0623
心土	20～39	5.90	4.58	2.18	0.11	47	6	6	0.0596
底土	39～	5.80	4.52	0.89	0.06	44	5	10	0.0530

*土样由土壤分析室张淑焕、余纯熙分析化验

群众对油茶山没有施肥习惯，有的地方不仅不施肥，还在山上铲草皮积肥给稻田施。而油茶"抱子怀胎"，一年四季花果不离，消耗养分较多，得不到很好补充，普遍出现缺肥现象，叶色黄绿，结果大小年明显，甚至呈现衰老，有些树有的年份不结一个果子。油茶树施肥，效果特别显著。1982年春季两河油茶场给油茶树普遍施了化肥，油茶春梢平均长为30～40厘米，夏梢长20多厘米，为1983年油茶丰产奠定了良好的基础。而1982年春油茶未施肥，春梢平均长15～20厘米，没有夏梢。

施肥的方法是，在油茶树冠投影以内，环状挖沟施肥后掩埋。春季以氮肥为主，结合施磷肥，促使油茶生根抽梢发叶；夏季施磷肥，防止落果，提高出油率，秋季施氮、磷、钾混合肥，以达到多出油，多开花的目的，冬季施钾肥，增强油茶抗寒能力，减少落花落果。

（五）新油茶林发展，老油茶林更新，要选用良种。

以往发展油茶，只求速度快，没有注意选用优良品种。已成林油茶结果期参差不齐，成熟早的秋分籽开始裂果时。寒露籽才成熟，而霜降籽油

脂还在形成中。采用一次收获的办法，对茶油的产量和品质均有影响。再则油茶类型混杂，良莠不齐，果实大小不一，影响产量提高。1998年对塘口乡张家湾部分油茶林作了调查，发现普通林林分中小红桃类型最多，占总油茶株数46.7%（见表1-13）。

表1-13 塘口乡张家湾油茶林各种类型所占比例

类型	红桃	小红桃	红球	橄榄	橘形	青桃	青球	金线形	无果
株数（%）	7.6	46.7	30.2	0.76	2.3	1.5	0.76	0.76	8.27
果数（%）	9.32	53.4	24.84	5.21	20.3	3.9	0.2	0.18	0

1978年以来我们抓了良种选育和引进优良品种的研究工作，陕76-2号优株就是1976年在塘口乡张家湾选出的，在全国的登记号为59，丰产性能和抗病性能好。陕南小红桃鲜果出籽率40.7%，出仁率64.2%，种仁含油48%，种子含油32%，秋分时节成熟，是我省优良的油茶类型。近年来在陕南成功地进行了油茶山地短穗扦插和油茶芽插试验，并已在陕南推广，为用无性繁殖方法繁育油茶优良单株和类型创造了很好的条件。

湖南攸县油茶经过十年引种试验，已在陕南落户。攸县油茶栽种后三年始花，五年普遍挂果，开花结果比普通油茶早3～4年。果皮和种皮较薄，油清香味美，有光泽，品质好。抗严寒和炭疽病能力较强。植株矮小，分枝紧凑，适宜密植。加之，春花秋实，收获期避开农事大忙季节，很受群众欢迎。目前正在推广扩大种植。

湖南永兴中苞红球和广西岑溪软枝油茶在南郑引种后，也表现出良好的速生丰产性状。

今后在发展油茶林和老林更新中采用优良的油茶品种和类型，对于提高油茶产量，可以收到事半功倍的效果。要有计划地用优良品种和类型来替代生产中正在使用的劣种劣树。

总而言之。南郑区油茶生产蕴藏着巨大的潜力，挖掘这些潜力会得到巨大的经济效益，是个值得分析研究的问题。

新中国成立后，南郑区油茶生产发展的速度很快，今天全县油茶林的面积是新中国成立初期的63.69倍。全县3 695公顷油茶林中，2 928公顷为油茶马尾松混交林，而在767公顷亩纯林中有一半以上是刚刚开始挂果的幼林。这 3 000 多公顷油茶林现在大都处于不加管理的半野生状态，因此产量很低。当前我国每公顷产茶油 750 千克以上的油茶林在湖南、浙江、湖北、广西等省陆续出现。南郑区塘口乡也出现了亩产茶油 34.5 千克以上的高产林，如把南郑区现有油茶林采取综合措施加以管理，亩产 20 ～ 25 千克茶油是不难的，若以亩产茶油 15 千克计，全区 13 695 公顷油茶林可年产油茶831 240 千克，是现在茶油产量的 10 倍多，相当于油菜田 1 108 公顷的产量。除完成全县油料征购任务外，还有多余的。

油茶籽榨油后的茶饼可当作肥料和饲料。茶饼含有 8.78% 的皂素，399 3720 千克茶饼可提取皂素 218.9 吨，每吨皂素以 2 000 元计，价值达 43.78 万元。油茶果壳可提制糠醛、栲胶活性炭，是重要的工业原料。随着化学工业的发展，油茶的副产品将日益增多。茶油的身价也会大大提高。

三、陕南油茶发展前景

新中国成立后，陕南油茶生产发展较快，1964 年全省有油茶林 7 000余亩，1975 年发展到 4253.3 公顷，1978 年为 18 000 公顷，现在油茶生产仍在不断发展中。陕南油茶生产发展不是一帆风顺的。自 1964 年以来，油茶生产的发展时而高涨，时而低落，其原因当然很多，而主要的是人们对油茶认识不足，缺乏油茶生产经验。陕南油茶生产的前景是无限广阔的。我想对此加以阐述。

（一）食用油料走木本化的道路是长远的战略目标

陕西省秦岭以南，巴山北麓，东经 105°30′ ～ 110°05′，北纬 31°10′ ～33°32′，东由商南开始，经东岭，扈家桓，宽平、马平、永红、大河填、十亩地、两河口、西至略阳、玉皇尖划一条线，线以南属北亚热带气候，总面积 314 万公顷，约占全省面积的 15.22 %，是我国油茶分布的北缘，在这个区域内 900 米以下的酸性，微酸性荒山丘陵上均可发展油茶生产。我国人多，地少；山多田少，做出长远规划，有计划有组织的发展油茶等木本油料生产，实属当务之急。油茶等木本油料发展起来了，就能克服粮油争地的矛盾，大大减轻平坝区油料作物用地的压力，其意义是发展一般经济植物所不能比拟的。然而，木本油料长在山上是需要时间的，决非三年五载所能奏效。因此，要有长远的规划。

茶油浅黄色，略带香味，是优良的木本食用油。利用荒山坡地种植油茶，既可增加油料生产，又不与粮棉争地。茶油含有易被人体直接吸收的油酸83.3%，亚油酸7.4%，其食用价值高于菜籽油。目前，油菜种植面积很大，菜油冲击粮油市场，这不仅引起粮油争地的问题，同时，菜油含有大量的芥酸，长期食用，可能易引起心脏病变。在国外，菜油多作为工业用油，不是良好的食用油。

（二）油茶是绿化荒山，保持水土，保护环境，恢复生态平衡的良好树种。在陕南浅山丘陵区发展油茶，对防止水土流失有重要作用

近年来，陕南由于森林植被遭到破坏，水土流失日趋严重，有不少专家认为，陕南丘陵地区土层浅薄，如不及时采取有力的水土保持措施，若干年后，不少地方就会变成岩石裸露的不毛之地。以汉中地区为例，秦岭巴山土地面积有17 550平方公里，占全区总面积的64.8%，而秦岭巴山径流量为96.9亿立方米，占全区总径流量的68.72%，全区水土流失面积为12 976平方公里，占全区总面积的47.9%。扩大秦岭巴山森林的覆盖率是做好水土保持，使河水变清的重要途径。油茶枝繁叶茂，15年生树冠即有4平方米，叶片层层叠叠，减轻了雨水冲击力，油茶根系发达，15年生的油茶主根即达3米深，盘根错节，固土能力很强，足以减缓径流冲刷。

油茶树抗硫化物（二氧化硫和硫化氢）污染能力很强，是优良的环境保护树种。

（三）发展油茶生产必须讲究科学

首先油茶生产要良种化。要不断选育并从外地引进优良的油茶品种，用优良的品种逐步更替旧有的油茶林，发展新林要采用良种。促使油茶幼林速生丰产。

再则，要改粗放经营为集约经营。油茶林要注意垦复、施肥、修剪、防治病虫害，改变以往"靠天收"的旧习，促使油茶林稳产、高产。

第三，采用扦插嫁接等无性繁殖方式，不断繁育油茶优良单株，优良

品系。以创造高额产量，生产品质优良的茶油。

第四，为创造油茶树良好的立地条件，应注意水土保持，发展新油茶林必须采用反坡梯地，老油茶林也要修成等高梯地。

第五，培养油茶科技人员，注意技术推广工作。

（四）注意政策，鼓励发展油茶生产

目前，陕南油茶生产正处于发展之中，经济政策对鼓励油茶生产发展相当重要。现在有的地方，交售茶油不抵油料任务，有的地方不把茶油和菜油同等对待，菜油 1 千克抵 3 千克粮，而茶油却不抵粮，这都会挫伤群众发展油茶生产的积极性，应注意纠正。

陕南秦巴山区幅员辽阔，适宜种植油茶的荒山坡地很多。陕南发展油茶有着美好的前景。如发展 200 万亩油茶，每年至少能提供 3 000 万千克茶油，全省平均每人增加 1 千克多油，相当于增加亩产百千克油的油菜 8 万公顷，而保持水土、净化环境等无形经济效益将更是难以估量的。

参考文献

[1] 林少韩等 . 幼龄油茶修剪技术 [J]. 林业科技通讯 .1980，12

[2] 罗伟祥等 . 油茶光合作用测定 [J]. 林业科技通讯 .1981，12

[3] H、N、沙拉波夫 . 油料植物及油的形成过程 [M]. 科学出版社，1965

[4] 陕西省林业区划编写组 . 陕西省林业区划，1980

[5] 全国油茶技术培训班 . 油茶技术资料 .1977

[6] 西北植物研究所 . 学习外地经验迅速发展我省油茶生产 [J]. 陕西林业科技，1973

（本文原载《秦巴山区生物资源科研讨论会材料》1982 年）

商洛油茶生产及利用的调查研究

李玉善　季志平

（西北植物研究所）

　　油茶是优良的木本油料树种。油茶籽每百千克可榨油 25 ～ 30 千克，可提制皂素 10 ～ 15 千克。目前，对油茶皂素以及提取皂素后的饼粕的综合利用正在深入和普及，其产值远远大于茶油的产值。商洛地区油茶分布较广，可利用的潜力很大。我们利用榨油后的油茶饼制成的"油茶皂素乳化剂"在山阳纤维板厂已　试制成功。商洛油茶的生产和利用具有广阔的前景。

一、商洛油茶生产、科研历史悠久

　　商洛油茶林集中分布在南部山区。镇安县有大片油茶林，有的上千亩连成一片，而且生长旺盛，结果繁茂。镇安县庙沟乡有高 5 米，冠幅 9 米。茎粗 46 厘米的大油茶树，据其生长特性和年轮推算，树龄已有 150 ～ 200 年，镇安油茶种为普通油茶，主要有小红桃、红桃，红球，橄榄形，橘形、青桃，青球、金钱形、倒卵形、珍珠形等十个类型。

　　1964 年至 1966 年陕西省秦岭考察队在镇安县玉泉乡建立了定位观察点，对油茶栽培及生态条件进行了系统研究，积累了许多可靠的科学资料，撰写出"陕西油茶分布及农家品种调查""陕南的油茶资源与生产潜力讨论""秦岭南坡油茶果实生物学特性的观察"三篇学术论文，为陕西油茶生产做出了贡献。

　　为了解决商洛食用油不足问题，1972 年以来，商洛地区一直努力发展油茶生产，尤其是 1974—1976 年用了很大力量发展油茶，取得了不少成绩，但由于操之过急，忽视了油茶种植科学，在不宜种植油茶的柞水、丹凤等地碱性土上播种油茶籽，加上意外的自然灾害，致使发展油茶事业事倍功半，我们从中汲取了经验教训。

二、商洛油茶生产现状

根据商洛油茶的分布状况和近年来的生产实践，大致可在东起河南西峡县、西抵宁陕县，经商南县、竹林关、高坝、山阳、色河、凤镇南、云镇、东河划一条线，油茶分布在该线以南地区，主要在商南、山阳和镇安3个县。镇安县的玉泉、双河、朝阳、庙沟等乡人均一亩油茶山。山阳县的漫川、商南县的富水油茶长势良好。

这是由于商洛南部地区土壤、气候条件有利于油茶的生长和繁殖（见表1-14）。

表1-14　商洛南部生态条件与普通油茶的生态条件比较

	普通油茶的生态条件	商洛南部生态条件
土壤	红黄壤，黄棕壤，黄壤少数红色或紫色沙土，pH4.5～6.5，不喜钙	山地黄褐土（黄胶泥）、黄棕壤（黄泥土）偏酸性，无石灰反应
气候	年平均温度14～21℃，有效积温（大于10℃）4000℃左右，最冷月平均温度0℃左右，最热月平均温度不高于31℃	年平均温度13～14℃，大于10℃积温4000～4500℃，一月平均温度0～2℃，七月平均温度24～26℃
水分	年降水量800～2000毫米，相对湿度70%～80%	年降水量800～900毫米，相对湿度70%
光照	年日照1800～2000小时	年日照1800小时

从表1-14中看出：商洛南部山地的土壤无疑适宜于油茶的生长，气候条件也基本符合油茶的生理、生态要求，而且，气候的变化在很大程度上吻合了油茶生长发育的特点和要求。例如，油茶花期平均气温以13～14℃为宜，低于10℃易损伤花器，影响授粉昆虫的活动，不利于受粉，然而在商洛南部气温还在10℃以上时，正值油茶的花期，12月中旬受精完成后，气温开始下降，油茶幼果却紧紧包裹在由萼片、花瓣干枯后形成的"衣服"内，至翌年3月以后，气温回升，幼果生长加速，凋萎的花冠和萼片

开始脱落，群众称之为"脱衣"。

商洛南部地区降雨量的70%集中在油茶生长季节，50%以上分布在七、八、九三个月，各月降水量一般在140毫米以上。这种季节性的干湿交替正利于油茶的生长繁衍，正适合于油茶果期需水多，花期需水少的生理要求。

以上分析表明：商洛地区不仅适宜于发展油茶，而且前景广阔，但实际情况并不能使人满意，加之不能科学管理和利用，油茶的生产和利用的优势还没能充分体现出来。

在商洛，粮油部门没有收购油茶籽的单位，镇安县年产油茶籽五万多千克，农民自产自销，自己榨油，自己食用。我们到山阳县万福林场，商南县谢家店村看到成片油茶林，成熟的油茶籽炸裂在地上，任其腐烂，感到十分可惜。

三、油茶的综合利用

鉴于商洛油茶的种植已发展起来，而且规模不小这样的现状，加工和利用这一宝贵资源已迫在眉睫、亟待解决.

（一）榨油

用油茶籽榨油首先要把握好时间，最好在冬春两季，最迟不能到第二年6月，否则，出油率将大大降低。榨油的方法除目前农村常用的木榨和机榨外，还有两种易行的方法。

1.浸提：将粉碎过的茶饼置于密闭容器中，用轻汽油浸提，油分溶解在溶剂中，经过浓缩、蒸发、脱掉溶剂，留下的为粗茶油，再后可通过精炼、脱臭、脱酸等工艺加工成食用油，也可直接作为优良的工业用油。

2.煮油：将油茶籽磨碎，在锅内加热水浸泡，同时不断震荡，油分就飘在水面。

（二）茶仁饼的利用

1.提取皂素：浸提过茶油的茶仁粕，含有大量的油茶皂素，用80%甲醇溶液反复浸提，浸出液装在一起，注入过量乙醚，滤出沉淀，进行干燥和粉碎，即得粗皂素。不过要把好两个关，一是茶仁饼要新鲜，一旦霉菌寄生就完全丧失洗涤效能；二是要避免高温，料温不能超过 110℃，提取时液温不能超过 60℃，否则，会使皂素浆变为黑棕色。

2. 茶饼作饲料用。

3. 油茶饼又是天然的廉价的高效低毒农药。

另外油茶果壳的综合利用也已取得成效，除提制栲胶、糠醛及活性炭、碳酸钾外，可望能用做刨花板的材料。

四、几点建议

（一）要充分利用现有资源

商洛南部各县有大小不等的油茶林分布。应该把现有的油茶籽集中起来榨油，精炼高级油，以满足市场需求。油茶饼应综合利用，提皂素、制油。镇安县油茶资源丰富，无疑是办乡镇企业的良好条件。近几年，我们研制的成功油茶皂素系列产品，其中油茶皂素乳化剂已投入市场，随着这方面工作的深入和扩大，将会影响到诸如轻工、化工、石油开采各个部门，促进其发展。

（二）要根据商洛南部气候和土壤条件，因地制宜地发展油茶生产

10 月份油茶果成熟时节，商洛正是阴雨季节，茶籽如不及时干燥，易霉坏变质，坏茶籽榨的油色泽浑黄、酸值高，过氧化物含量高，有苦哈喇味，失去食用价值，因此要及时干燥，及时贮藏。

商洛南部秋末冬初的低温多雨，也对油茶开花，授粉影响较大，发展油茶，要采用秋季果实成熟早，开花较早的陕西小红桃品种，以及春季开花秋季结实的攸县油茶。

商洛南部冬春低温干旱少雨，对油茶苗生长不利，需要覆土保墒防冻害。5～6 月高温干旱少雨，茶苗易受旱枯死或日晒灼伤，应当遮阴保苗，一般采用黄豆和油茶间套的方法。

（三）发展油茶应注重科学，切忌盲目

商洛南部油茶林是山区宝贵资源，应该加强管理。油茶一年到头不离

花果，不断抽枝长叶，需要供应大量养分，必须结合垦复，中耕施肥。以保证连年丰产稳产。

商洛南部宜林荒山较多，利用荒山坡栽种油茶，要注意方法，切忌种了跟没种一个样，发展油茶，采用育苗移栽的办法效果较好，商县林业站采用"油茶去根尖塑料袋育苗移栽法"保苗效果好，移栽成活率高，值得推广。油茶是"嫌钙植物"，根细胞中磷酸盐的含量低，油茶最不适碱性土壤，在中性土壤中虽然能存活下来，但开花结实不好，一般地，凡有铁芒箕、映山红、马尾松、杉木、蕨类、算盘子、枫香等一些"指示植物"出现的山地均宜种油茶。切不可盲目扩大栽培面积，重蹈 1974—1976 年的覆辙，在不适宜油茶生长的柞水、丹凤等地播种油茶籽。12 月中旬到翌年 3 月，气温很低，气温提早回升，幼果开始生长加速，这时最易出现的就是气温再度下降引起的落果，所以，在油茶分布的北缘地区，栽种油茶时，要调查清楚该地区的气温条件，尤其是花期和早春气温变化，以选择适宜的品种种植。

（四）要加强油茶生产的宣传和组织工作

油茶种植后，一般 3 年开花，5 年普遍挂果，受益近百年，有计划地发展这种耐干旱、耐水湿、耐贫瘠、易栽培、用途广的树种，培养一支训练有素的油茶专业技术队伍，负责油茶技术的推广和应用。

考参文献

[1] 李玉善 . 油茶的栽培和利用 [M]. 陕西科学技术出版社，1986，18-12.

[2] 李玉善 . 油茶花期生态特性及其在生产中的应用 [J]. 陕西林业科技 1985，(1)：28—30.

[3] 聂树人 . 陕西自然地理 [M]. 陕西人民出版社，1981,405-407.

[4] 陕西省农业勘察设计院 . 陕西农业土壤 [M]. 陕西科学技术出版社，1980，52-55

[5] 陕西师范大学地理系 . 商洛地区地理志 [M]. 陕西人民出版社，1981，261-263

（本文原载《秦岭生物资源及开发利用》陕西科学院集刊，第 2 卷，1989 年）

第二部分

油茶栽培繁殖技术研究

油茶种子沙藏催芽和剪去根生长点育苗试验

西北植物研究所　李玉善

油茶用种子播种，无论是直播还是育苗，出苗时间都延续很长。一般种子在头年 11 月播种，来年四月中上旬陆续出苗，往往到 7 月上中旬才出齐苗。种子在地里这样长的时间，易受水浸、低温，虫害、病害，兽害等恶劣条件的影响，损失较大，出苗率不高。为了快速育苗，提高出苗率，从 1974 年开始，我们进行了油茶种子沙藏催芽试验。

油茶属深根性树种，侧根稀少短小而主根深长。由于根毛少，移栽易受不良条件影响，造成植株死亡，致使成活率不高。为了促进侧根发育，多生根毛，抑制主根伸长，我们结合催芽处理，待种子根芽生出后剪去生长点。

本试验所采用的种子为攸县薄壳香油茶。

一、沙藏催芽

在早春三月，取沙加水，湿度达到手握沙成团，手松沙团裂开。种子和湿沙的比为 1 : 2，种子和沙分层埋藏。中间插一竹管或草把以便通气。催芽期间，要经常翻动种子并加水，保持含水量的稳定。早春气温较低，室内要加温，保持室温在 15℃左右。四月初，油茶籽即普遍出芽，芽催齐后，把种子播种于苗圃中。催芽用的沙不宜用粉沙，因粉沙颗粒小，加水后通气不良，易使茶籽霉烂。

播种后用稻草覆盖，苗出齐揭草。从 6 月下旬开始，苗圃用珠帘或其他办法遮阴，9 月上旬揭帘，除去荫蔽。

沙藏催芽的主要特点：

1. 催芽播种出苗快。齐苗早，出苗率高。

1975 年 4 月 21 日在南郑区中所村林场播种时，催芽长的（芽长 3.5～9 厘米，平均芽长 5.3 厘米）播种半个月后，茶苗即陆续出土，一个月后苗已出齐，出苗率达 97%。而刚萌动就播种的油茶种子，7 月 7 日才齐苗，齐苗延迟两个半月。因出苗时正值高温干旱，成苗率大大降低。催长芽较催短芽（芽长 1～3.2 厘米，平均芽长为 2.0 厘米）的齐苗期和出苗率好，催短芽的齐苗期和出苗率又较萌动种子为优（表 2-1）。

表 2-1　种子不同催芽状况出苗统计表

催芽状况	催长芽	催长芽剪去生长点	催短芽	萌动种子
播种日期	21/4	21/4	21/4	21/4
开始出苗日期	10/5	10/5	16/5	31/5
齐苗日期	23/5	26/5	27/6	7/7
出苗率（%）	97	97	75	50

2. 催芽育苗，茶苗较直播的植株生长快。

3. 1973 年 11 月份在塘口乡全架梁上直播了攸县薄壳香油茶，1974 年 4 月初在塘口乡杉树湾村林场催芽育了一片苗子。到 1974 年 12 月份测定，苗圃中油茶平均株高已有 10.2 厘米，最高的已达 14 厘米，有 15 片叶子，茶苗没有生分枝的（见表 2-2）。

表 2-2　直播和催芽育苗油茶苗生长状况

播种地点	播种方式	播种日期	统计株数	株高（厘米）		叶片数		分枝数	
				平均	变幅	平均	变幅	平均	变幅
塘口乡全架梁	直播	1973 年 11 月初	50	6.0	2.5～11.6	5.6	4～9	0	0
塘口乡杉树湾林场	催芽育苗	1974 年 4 月初	50	10.2	7.5～14	8.0	5～15	0～4	0～2

3. 催长芽播种生的油茶苗无论地上或地下部分均较催短芽、萌动种子播种的苗长得快。

由表 2-3 可知，催长芽播种出的苗株高平均为 9.5 厘米，根长平均为 21.4 厘米，茎叶重为 1.26 克，根重为 1.66 克，叶片数平均为 6.2，这些都大大超过了催短芽和萌动种子播种出的苗。

表 2-3　油茶籽不同催芽状况所生植株测定表

项目 催种芽类	叶片数	株高（厘米）		主根长（厘米）		侧根数	茎叶（克）	根重（克）	全株重（克）	根重株重（%）
		平均	变幅	平均	变幅					
催长芽	6.2	9.5	8～11	21.4	19～24	0	1.26	1.66	2.92	57
催长芽剪去生长点	6.6	10.1	7.5～15	5.1	3.5～7	5.2	0.8	2.06	2.86	68
萌动籽	5.6	8.3	7.5～9	16.8	14.5～20	0	1.02	1.28	2.30	56
催短芽	5.2	7.8	6～8.5	20.5	18.5～22	0	0.9	1.56	2.46	63

二、根芽剪去生长点

催芽后剪去根芽的生长点，再播种育苗，可促进侧根发育，抑制主根伸长。

催长芽生长的植株为一直根，主根平均长 21.4 厘米，没有侧根，根重和株重的比率为 57%。而催长芽剪去生长点的植株，根为须根，平均根长仅为 5.1 厘米，平均有侧根 5 条，最多的有 7 条，根重和株重的比率为 68%。这样在同样的条件下，采取同样的措施，剪去根芽生长点的较未剪去根芽生长点的植株，移栽成活率可大为提高。

催长芽的与催长芽剪去生长点的在出苗日期、齐苗日期和出苗率等方面没有什么差异（见表 2-1）。

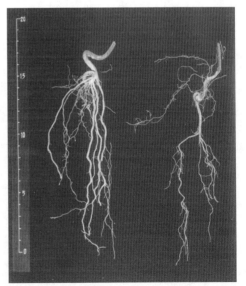

左：剪去催芽生长点新生苗的根
右：催芽后未剪去生长点新生苗的根

说明剪去根芽生长点对出苗状况没有影响。

从表2-3看来，催长芽的苗较催芽剪去根生长点的苗平均茎叶重增加三分之一，相反的催长芽的苗较催长芽剪去根生长点的苗根重减轻四分之一。催长芽剪去根生长点的苗，有了发达的根系，移栽成活率提高了，吸收水肥的机能也得到改善。给植株生长创造了良好的条件。

三、尚待解决的问题

油茶沙藏催芽育苗，尤其是催芽剪去根生长点育苗，有很多长处，便于移栽成活，用这种办法大面积育苗，如何用最简易办法解决鲜种子储存、堆制催芽以及剪芽等问题，尚待进一步研究实践。

（本文原载于《植物研究》1977 年第 1 期）

攸县油茶幼苗移栽时期试验研究

西北植物研究所　李玉善

一、问题的提出

油茶育苗移栽比直播有许多优点。第一、移栽比直播节约用种量。直播每亩用种量需要 1.5～2.5 千克,而育苗移栽,1 千克油茶籽育苗可栽 4～6 亩。第二、油茶苗在苗圃中可以实行集约化经营,遮阴、防治病虫害、施肥、中耕、灌水等技术措施均可进行,便于培育壮苗。育苗较直播大大节省了劳力和经费开支,一亩苗圃以育两万五千到三万株苗计,可上山移栽400～500 亩。第三、移栽的油茶较直播的油茶根系发达、株形好、长势快,可提早 3～5 年受益,易于达到速生丰产。

为了实现油料上山,陕西种植油茶的地区日益增多。我们发现以往发展油茶,几乎都是采用荒山直播的方法。由于不遮阴、不管理、加之没有封山育林,往往播后十余年才挂果。更甚者,不少地方只播种,不见林。油茶是常绿树种,四季常青,移栽时不同于落叶乔灌木。对于育苗移栽,群众普遍反映,油茶栽不活。1974 年有的地方引种油茶。采用育苗移栽的办法,成活率较低,更挫伤了群众采用育苗移栽的积极性。我们认为油茶移栽时除了注意改进移栽技术外,移栽时期是一个关键性问题。为了迅速推广油茶育苗移栽的办法,找出陕南油茶适宜的移栽时期,1976 年我们着手进行油茶幼苗移栽时期的试验研究。

二、移栽时期试验过程

1976 年在南郑区两河乡白庙村林场进行移栽时期的试验。种苗取自距离移栽地 35 千米的中所村林场，采用的油茶品种是攸县薄壳香油茶。苗龄一年生。苗圃为沙壤土，因此移栽苗很少带土。

移栽地是荒山，坡向东南，栽时垦成 1 米宽梯带，土壤是黄泥土，坡上有马尾松、小叶栎、闷头花、油茶、油桐等植物，海拔 630 米。种黄豆遮阴，因天气干旱，黄豆长势不好，遮阴效果差。

油茶苗移栽时用塑料薄膜包住根，迅速送到移栽地，当天栽完。栽时先挖窝，放进苗后填表土，提苗使根系舒展，再踏实，填土，穴面呈窝状。幼苗栽的深度比原来苗深 1.5～3 厘米。栽后除元月、三月浇水外，其他月份因移栽前后均有降雨，所以未浇水。

移栽时期，元月到五月，九月到十二月每月移苗一次，六七八三个月正值炎热伏旱时期，没有移栽。

表 2-4 攸县油茶各月移植时植株状况表

植株状况 移栽时间	株高 （厘米）	叶片数 （个）	茎粗 （毫米）	分枝数 （根）	主根长 （厘米）	侧根数 （支）
元月 3 日	11.8	6.7	3.3		15.3	3.4
2 月 27 日	11.2	7.0	2.8		19.5	3.1
3 月 15 日	9.4	5.8	2.5		17.4	4.5
4 月 15 日	12.1	5.4	3.5		16.8	4.0
5 月 15 日	26.1	9.2	2.7	0.6	13.7	1.2
9 月 1 日	14.6	11.9	3.9	0.9	13.8	3.3
10 月 1 日	22.1	19.4	4.5	2.1	16.6	2.6
11 月 1 日	16.2	11.4	4.4	0.5	25.2	2.5
12 月 1 日	15.8	9.7	5.0	0.9	21.6	3.3

由表 2-4 可知，移栽时间不同，幼苗大小各月亦有差异，五月份开始幼苗在苗床上已着生分枝，我们以栽活为原则，起初对幼苗差异考虑比较少。为了缩小各月间幼苗大小的差别，从五月份开始，我们注意到选大苗先移栽。

三、试验结果分析

（一）各个移栽时期油茶苗成活状况分析

1977年3月1日统计了1976年各月份移栽的油茶苗成活状况（见表2-5）

由表2-5可知，1976年元月份栽的油茶成活率为90%，已脱落的叶片为新生叶片所代替，宛如一个人害了一场病，又恢复了健康。栽后虽过去一年零两个月，但植株的高度和叶片数与栽时差不多。元月份油茶苗生理活动微弱，生长停止，起苗时根系遭到破坏，不易很快恢复，易受冻害。

1976年2～3月栽的苗，成活率分别为100%和98%，有7%～9.8%的植株因为去年冬季受冻叶片脱落，但茎秆鲜绿色，腋芽饱满，正待萌发。2～3月天气逐渐转暖，植株生理活动日趋旺盛，移栽后根系很快恢复生长。1976年4月和5月移栽的苗成活率分别为85%和82%。4月和5月份植株恢复生长，新陈代谢旺盛，移栽时根系受到损伤，易使营养发生负亏现象，造成植株死亡，成活率降低。1976年九月移栽的苗成活率为83.5%。5月和9月移栽的苗长势差，像生了病。5月栽时平均气温为18.9℃，最高平均气温为23.9℃。

5月和9月日照时间都在40%左右。栽时气温高，日照长，植株生理活动旺盛，移栽时根系受伤，栽后不能及时缓苗。

表2-5 攸县油茶各月移栽植株成活状况

移栽时间 \ 移栽植株状况	移栽株数	正常生长株数		叶片脱落植株		死亡植株		移栽时天气状况
		株数	%	株数	%	株数	%	
元月3日	51	46	90	0	0	5	10.0	小雨
2月27日	51	46	90	5	9.8	0	0	阴雨
3月15日	54	49	91	4	7.0	1	2.0	阴天
4月15日	53	44	83	1	1.9	8	15.0	阴天
5月15日	50	38	76	3	6.0	9	18.0	阴天
9月1日	60	46	77	4	6.5	10	16.5	阴天
10月1日	60	57	95	3	5.0	0	0	晴
11月1日	68	62	91	5	7.5	1	1.5	阴天
12月1日	53	45	85	8	15.0	0	0	阴天

1976 年 10 月栽的苗成活率为 100%，11 月份栽的苗成活率为 98.5%。10 月平均气温为 14.7℃，最高平均气温为 18.8℃，相对湿度为 88%。11 月平均气温为 5.9℃，最高平均气温为 9.5℃，相对湿度为 87%。10、11 月雨水较多，相对湿度高，叶面蒸腾小，幼苗栽后可以发出新根，随着气温下降，植株生理活动减弱，不致受冻身亡。

1976 年 12 月栽的苗 1977 年 3 月 1 日统计，成活率为 100%，但叶片受冻害，陆续脱落。1977 年 4 月 20 日统计，12 月 1 日栽的 53 株苗，成活的仅有 48 株，成活率仅有 90%。12 月移栽的苗和元月移栽的苗情况类似。

（二）不同移栽时期油茶苗长势分析：

1976 年 4 月 29 日观察统计，元月份栽的苗子叶片枯黄的较多，第一至第三叶枯黄的有 4 株，第一至第五片叶全枯黄的有 7 株，这 7 株中有的仅剩一片叶子，有的叶片全部落光。二月份栽的苗有两株第一叶片枯黄，一株第一、二、三片叶枯黄，3 月栽的有三株第一片叶枯黄，有一株第一、二片叶枯黄。4 月栽的第一、二片叶枯黄的有一株，有两株第一至第五片叶枯黄。元月三日移栽时平均气温为 4.1℃，最低平均气温为 −1.9℃，相对湿度 67%。2～3 月份气温不断回升，相对湿度在 80% 左右，有利于植株萌芽生根。4 月 15 日栽苗时平均气温为 16.4℃，最高平均气温为 23.5℃，相对湿度为 66%，气温高，湿度低，栽后根吸收作用慢，叶片蒸腾作用加剧，易于枯黄落叶。4 月栽后不到半个月，茶苗叶片比 2～3 月栽的苗叶片损伤厉害得多。

1977 年 6 月 25 日对各月移栽的油茶苗进行测量（见表 2-6）。从测量的结果来看，5 月以前移栽的植株总的生长情况比 9 月以后移栽的植株好，尤其 2、3、4 三个月移栽的植株，株高都在 30 厘米以上，叶片数都在 20 片以上，不仅春梢长的长，夏梢也发育的好。

而就上半年各月移栽的植株来看，2～3 月移栽的植株春夏梢生长的长而状实，4 月移栽的植株春夏梢虽长，但比较纤细。5 月移栽的植株生长比以前各月移栽的矮的多。平均高度仅有 23.2 厘米。元月份移栽的植株生长壮实，分枝部位低，株高比 2、3、4 月移栽的植株低，且春夏梢均不及 2、3、4 月移栽的植株长。下半年各月移栽的植株相比，以 9、10 月移栽的植株生长比较好，11～12月移栽的比较差，11月份移栽的植株春梢很短，很少有夏梢，12月移栽的植株大多没有夏梢，春梢生长很短，有的植株根本没有春梢。

表2-6　攸县油茶各月移栽植株生长状况

生长状况　移栽时间	株高（厘米）	一级分枝数	冠幅南北×东西（平方厘米）	地径（毫米）	叶片数（个）	春梢长（厘米）	夏梢长（厘米）
元月3日	28.8	3.7	19.9×19.9	6.0	36.3	9.0	10.9
2月27日	32.5	4.3	19.5×17.5	5.8	37.6	10.1	12.7
3月15日	30.7	2.7	19.4×17.5	5.4	28.1	11.8	12.5
4月15日	30.5	2.6	15.9×16.1	4.4	24.2	11.6	13.9
5月15日	23.2	2.5	14.9×15.8	4.2	28.7	8.2	9.3
9月1日	20.6	1.9	15×15	4.3	18.2	6.2	7.2
10月1日	19.7	2.7	15.4×14	4.7	19.7	3.8	4.3
11月1日	17.1	3.0	15.1×14.8	4.5	19.5	4.1	1.2
12月1日	14.0	2.1	14.5×12.4	5.4	13.0	3.3	1.6

同样年龄的油茶苗，为什么移栽时期不同第二年生长上有那么大的差异呢？归根结底主要是油茶移栽后受气候因子影响的结果。上半年移栽的油茶苗，尤其是2、3、4三个月移栽的油茶苗，栽后气候逐步上升，雨量日益增多，移栽的油茶很快还苗，很快换叶，经过近一年的生长为第二年春梢生长积累了物质基础。元月份移栽的油茶苗，虽经冬季冻害，也日趋复壮，长势也不赖。五月移栽的油茶苗，栽后虽经历了炎夏酷暑，受到损伤，但也得到了一段休养生息的时期，生长虽不及2、3、4月移栽的油茶，但还算可以，下半年移栽的油茶，尤其是12月份移栽的油茶，栽后经历了一个短时间恢复阶段，甚至没有来得及缓苗，即进入严寒的冬季，叶片大部分脱落，嫩梢均已焦枯，第二年春季需要再发新梢。移栽时离寒冬来临愈近，上述情况愈为严重。9月栽的比10月栽的受害轻，10月栽的比11月轻，12月栽的植株受害最重。12月栽的植株，平均株高仅有14厘米（移栽时为15.8厘米）比移苗时低，平均叶片数仅有13片，春梢长仅有3.3厘米，夏梢长为1.6厘米。

四、结论和问题讨论

经 1976 年移栽时期试验，从提高油茶成活率的角度来看，在陕西省南部早春 2 ～ 3 月冷尾暖头移栽油茶幼苗成活率比较高，下半年秋末冬初雨水较多，10 ～ 11 月份移栽茶苗收效好。其他月份，除 6、7、8 三个月伏旱酷暑时间外，均可移苗，但成活率不及 2 月、3 月、10 月、11 月。

而从 1977 年 6 月油茶苗的长势来看，上半年移栽的油茶苗比下半年移栽的油茶苗长得好，上半年 2 月和 3 月移栽的油茶苗植株较高，叶片较多，春夏梢生长的长且壮。

综观全局，一年之间以 2 月和 3 月移栽的油茶最好，不仅成活率高，而且幼苗长势好。

油茶移栽时期试验，每月移栽一次显得次数较少，如每 10 天移苗一次，每月移栽三次，更能把握住油茶一年之间比较精确的适宜移栽时期。

本试验只进行了一年，没有设重复，年年气候变化有差异，因此本实验的结论仅供参考。

注：本试验进行中周际元、李秀明、侯江文、谢安平等同志参加了部分工作。

（本文原载陕西省林业局《油茶科技资料选编》1979 年第 5 期）

油茶山地短穗扦插育苗

西北植物所　李玉善

近几年来我省油茶生产迅速发展。为了满足山区发展油茶生产对良种苗的急切需要，1977—1978 年我们在开展油茶单株选优的同时，做了山地油茶短穗扦插育苗试验。

一、试验过程

苗圃地的选择

苗圃地选择在南郑区两河乡油茶场场部附近向阳的反坡梯田。

土质为黄泥土，pH6.0。每公顷施磷酸钙 1 500 千克、碳酸氢铵 225 千克和猪栏粪 75 000 千克，深翻整平，做成 1 米的畦面，上用黄心土覆盖，约 6 厘米深，整平压实，表层用 0.2% 西力生水溶液喷洒消毒。

1. 选枝剪穗

扦插枝条选自长势良好、产果丰盛、无病虫害的优良红皮类型油茶植株。一般取其中上部枝条。春季采用上年的老枝，夏季采用当年生半木质化的嫩枝。选腋芽饱满的枝条，剪成长 3～5 厘米的插穗，基本上是一节一根插条，留一芽一叶，上方剪口离节上 0.2 厘米，基部削面呈马耳形，剪后立即用药剂处理，处理后随即扦插。插入土中深度为 2～3 厘米。

2. 扦插时期和药剂处理

1977 年，我们做了春插（4 月 3 日）、夏插（6 月 23 日）和秋播（10 月 1 日）三期试验。

春插试验：4 月上旬进行，当时平均气温 15℃，相对湿度 72.7%。用吲哚乙酸和吲哚丁酸分别作了两组处理和一组不处理对照。每组分别用 50 根插穗，共 150 根。药剂处理时，先将吲哚乙酸和吲哚丁酸分别用酒精溶解，制成 200 毫克 / 千克 粉剂，然后将插穗基部蘸药粉，随蘸随插。

夏插试验：6 月下旬进行，当时平均气温 25.2℃，相对湿度 76%。用萘乙酸 200 毫克 / 千克、吲哚乙酸 400 毫克 / 千克、2.4—D100 毫克 / 千克 和清水对照作了四种处理。每组分别用 1 000 根插穗，设两个重复，共用 1 000 根插穗。药剂处理是将插穗基部 1 厘米处，分别浸在上述药剂中，待 24 小时后取出扦插。

秋插试验：10 月上旬进行，当时平均气温 18.2℃，相对湿度 75.5%。对插穗未进行任何药剂处理，随采随插，插穗数量 100 根。

1978 年，我们又进行了春插（3 月 3 日）和夏插（7 月 7 ～ 8 日）两期试验。

春插试验：3 月上旬进行，当时平均气温 7.7℃，相对湿度 53.5%。用吲哚丁酸 200 毫克 / 千克、吲哚乙酸 200 毫克 / 千克、萘乙酸 200 毫克 / 千克、2.4—D200 毫克 / 千克 和清水对照作了五种处理。每组用 100 根插穗，设两个重复，共用 100 根。药剂处理，是将插穗基部 1 厘米处在药剂中浸泡 24 小时。

夏插试验：7 月上旬进行，当时平均气温 24℃，相对湿度 86.3%，用吲哚丁酸 200 毫克 / 千克、萘乙酸 200 毫克 / 千克、2.4—D200 毫克 / 千克 和清水对照作了四种处理，每组用插穗 100 个，设两个重复，共用 800 根。药剂处理方法同当年春插。

3. 插后管理

（1）遮阴：阴棚距床面 30 厘米高，以竹帘遮阴，透光 400% ～ 50% 从扦插日起至 9 月下旬，凡晴天，自上午 7 时到下午 6 时遮阴。9 月下旬以后遮阴时间可以缩短。阴雨天和夜晚不遮阴。

（2）洒水：每天早晨或傍晚洒水一次，做到土不发白为宜。扦插后在床面铺上薄薄一层粗沙，防止洒水时土粒糊住叶面。插后 1 个月，插穗已开始愈合生根，要经常保持床面湿润。第二年春季继续遮阴，防止春旱。

（3）施肥，插后 10 天喷一次千分之一磷酸二氢钾溶液，插后 20 天喷千分之一稀薄人粪尿 1 次。以后看苗色再适当施追肥。

（4）防冻：插穗新梢幼嫩，根系较浅，冬季土壤冻结会使幼苗发生冻拔现象。因而，越冬时需覆盖塑料薄膜，并经常洒水，防止冻害和干旱。

二、试验结果分析

1. 1977 年扦插试验

春插试验：4 月 2 日采穗处理，4 月 3 日扦插，7 月 30 日对扦插苗翻床调查，发现吲哚丁酸（200 毫克 / 千克 粉剂）处理和对照插穗愈合生根好，吲哚乙酸（200 毫克 / 千克 粉剂）稍差（见表 2-7）。

夏插试验：6 月 23 日剪取插穗，用药剂处理，24 日扦插，其中 2.4—D（100 毫克 / 千克）处理，扦插后 30 天生根，48 天根长 6 厘米，不仅基部切口处生了根，而且埋在土中的基干上许多气孔也生出根来。10 月 1 日统计插穗状况，见表 2-8。

由表 2-8 可知，萘乙酸（200 毫克 / 千克）效果最好，2.4—D（100 毫克 / 千克）次之，吲哚乙酸（400 毫克 / 千克）稍差。秋播试验：10 月上旬扦插，1978 年 4 月上旬检查插穗已枯萎。

表 2-7　1977 年油茶短穗春插

处 理 插穗状况	吲哚丁酸 （2000 毫克/千克）	吲哚乙酸 （2000 毫克/千克）	对 照
扦插数	50	50	50
生根数	9	4	3
愈合数	15	10	18
生根愈合率(%)	48	28	42

表 2-8　1977 年油茶短穗夏插

处 理	插穗状况	生根愈合率（%）
2.4—D （100 毫克 / 千克）	抽梢 51 株，梢最长 6 厘米叶色和一般油茶叶相似	69.5
萘乙酸 （200 毫克 / 千克）	抽梢 46 株，梢最长 5 厘米叶色浓绿，较 2.4—D 叶色好	74.9
吲哚乙酸 （400 毫克 / 千克）	抽梢 33 株，梢最长 6 厘米叶色发黄	46.5
对 照	抽梢 72 株，梢最长 5 厘米叶色鲜绿	60.5

2. 1978 年扦插试验

春播试验：3 月 2 日采穗处理，3 月 3 日扦插，6 月 11 日统计扦插状况，见表 2-9。

表 2-9　1978 年油茶短穗扦插

处　理	插穗状况	生根愈合率（%）
吲哚丁酸（200 毫克 / 千克）	17 株抽梢	91.5
萘乙酸（200 毫克 / 千克）	35 株抽梢	83
2.4—D(200 毫克 / 千克)	81 株抽梢	85
吲哚乙酸（200 毫克 / 千克）	24 株抽梢	80.5
对照	89 株抽梢	77

由表 2-9 可知，吲哚丁酸（200 毫克 / 千克）处理效果最好，次为萘乙酸（200 毫克 / 千克）、2.4—D（200 毫克 / 千克），吲哚乙酸（200 毫克 / 千克）稍差。

夏插试验：7 月 7 ～ 8 日选穗处理，8 ～ 9 日扦插，四种处理总计扦插 6 000 株。取 800 株观察。10 月 7 日统计扦插状况，见表 2-10。

表 2-10　1978 年油茶短穗夏插

处　理	生根愈合率（%）
吲哚丁酸（200 毫克 / 千克）	95
萘乙酸（200 毫克 / 千克）	87
2.4—D(200 毫克 / 千克)	81.5
对照	79

由表 2-10 可知，夏插以吲哚丁酸（200 毫克 / 千克）效果最好，萘乙酸（200 毫克 / 千克）和 2.4—D（200 毫克 / 千克）次之。

三、结论

通过 1977 年、1978 年两年扦插试验结果，初步得出以下结论：

1. 油茶短穗扦插育苗是培育大量油茶优良苗木简易可行的办法（见图 2-1）。扦插应以春插（惊蛰前，平均气温 7.9 ～ 11.2℃）和夏插（夏至后，平均气温 22.6 ～ 24.9℃）为主，一般不进行秋插。在有温室和温床冬季保温条件较好的山地，亦可进行秋插。

图 2-1　油茶短穗扦插苗（A 为原插穗叶片）

2. 油茶短穗扦插，以吲哚丁酸、萘乙酸、2.4—D 处理效果显著，处理剂量以 100 ～ 200 毫克 / 千克 浸泡插穗基部 1 ～ 2 厘米处 24 小时为宜。药剂处理的主要作用，是促进插穗早期生根、抽梢。

3. 1977 年春播种油茶籽，1978 年 10 月 7 日测定实生苗高度为 55.3 厘米，地径为 0.65 厘米；而 1977 年 6 月 23 日扦插的油茶，1978 年 10 月 7 日测定扦插苗，平均高度为 50.8 厘米，地径为 0.56 厘米。看来，1977 年春播实生苗和夏季扦插苗高度和地径相差不大。扦插苗一般一年半到两年即可出圃上山定植。

（本文原载《陕西林业科技》1979 年第 5 期）

油茶叶插和芽插及植物生长素类物质处理的效果

西北植物研究所　李玉善

　　油茶是我国特有的木本油料。为了快速繁育优良树种，1977 年以来我们进行了油茶叶插和芽插。芽插实际上是短穗枝插的特殊形式。根据植物生理的研究，扦插使用适宜浓度的植物生长素一类物质，可使插穗下部酶的活性增加，水解糖和蛋白质增加，原生质黏度降低，细胞的渗透压和吸水性提高，插穗基部形成层细胞和皮层薄壁组织对水和营养物质的吸收加强。同时，在上述物质作用下，细胞分生和分化能力增强，促进愈合组织和不定根形成，提高了扦插效果。关于类似生长素药剂对油茶枝条插穗的作用，国内已有介绍，至于这类物质对叶片插穗的作用尚未见报道。据此，我们用一定浓度的吲哚丁酸、吲哚乙酸、α-萘乙酸、2.4—D 和赤霉素处理用作插穗的叶片和芽的基部，都收到了促进分化发育的效果。

一、试验过程

（一）苗圃地的选择和修整

　　在陕西省南郑区两河油茶场附近，选向阳的反坡梯地作为苗圃地。土质为黄泥土，pH 为 6.0。每公顷施过磷酸钙 1 500 千克，碳酸氢铵 225 千克，猪粪 750 000 千克。土壤经深翻整平，做成 1 米宽的畦面。土面用含菌少的黄心土覆盖，约 6 厘米厚，注意铺平压实；并喷洒 0.2% 西力生溶液消毒。

（二）选枝剪穗

　　插穗选择自长势良好、产果丰盛、无病虫害的优良红皮类型（红桃、红球）的普遍油茶（*Camellia deifera* Abel）植株。取植株中上部叶片及芽。春插从上年枝条中采取插穗，夏插从春梢半木质化嫩枝中采取插穗。采用带叶的芽和叶片两种插穗进行试验。并将叶劈取半个做试验。

（三）扦插时期和试剂处理

1977 年、1978 年、1980 年三年进行春季扦插，1979 年进行夏季扦插。芽和叶片基部分别用一定浓度的生长素一类物质进行处理。

（四）插后管理

（1）遮阴：荫棚距床面 30 厘米高，以竹帘遮阴，透光 40%～50%。从扦插日起，至 9 月下旬，凡晴天，自上午 7 时到下午 6 时遮阴。9 月下旬以后遮阴时间可以缩短。阴雨天和夜晚不遮阴。第二年春季为防春旱，应继续遮阴。

（2）洒水：每天早晨或傍晚洒水一次，做到土不发白为宜。扦插后在床面上铺薄薄一层粗沙，防止洒水时泥浆溅布叶面。插后一个月，插穗开始愈合生根，要经常保持床面湿润。

（3）施肥：插后 10 天喷一次 1% 的磷酸二氢钾溶液，插后 20 天喷 1% 稀薄人粪尿一次，以后看苗色酌施追肥。

（4）防冻：插穗新梢幼嫩，根系较浅，冬季土壤冻结会使幼苗遭受冻拔、冻伤损害。因而，越冬时需要覆盖塑料薄膜，要经常洒水，防止冻害和旱害。

二、试验结果分析

（一）1977 年春插

1977 年 4 月 3 日春插。于油茶植株上采取带有 1976 年叶片的单个饱满腋芽，埋入土中，并使所带叶片入土 1/3。株行距 8 厘米 ×4 厘米。将吲哚丁酸（IBA）和吲哚乙酸（IAA）先用酒精溶解，再用滑石粉配成 2 000 毫克 / 千克粉剂。插时，将腋芽基部蘸粉剂埋入土中，一组不加任何处理作为对照。

1977 年 7 月 30 日翻床调查，IBA 2 000 毫克/千克 粉剂处理效果较好，腋芽处理有效率为 43.3%，IAA 2 000 毫克/千克粉剂处理效果比对照差（详见表 2-11）。

表 2-11 1977 年春插腋芽生根愈合情况

处理 \ 项目	扦插	愈合后生根情况			达成愈合情况		处理有效率（生根率 + 愈合率）
		生根数	生根率（%）	根最长（厘米）	愈合数	愈合率（%）	
CK	120	5	4.2	8	36	30	34.2
IAA 2000 毫克/千克粉剂	120	3	2.5	6	29	24.2	26.7
IBA 2000 毫克/千克粉剂	120	13	10.8	4	39	32.5	43.3

（二）1978 年春插

1978 年 3 月 3 日春插。于油茶植株上采取带有 1977 年叶片的单个饱满腋芽，埋入土中，并使所带叶片入土 1/3。株行距 8 厘米×4 厘米。将吲哚丁酸（IBA）、2.4-D 和 α-萘乙酸（NAA）分别配成 200 毫克/千克 溶液。插时，将腋芽基部在溶液中浸 24 小时，插前用清水冲洗。实验中另设一组不加处理作为对照，1978 年 7 月 12 日调查，吲哚丁酸（IBA）200 毫克/千克 溶液处理腋芽，其有效率为 83%，α-萘乙酸（NAA）200 毫克/千克 处理者有效率为 80%；均大于对照。而 2.4D 200 毫克/千克 溶液处理效果较差，有效率仅为 14%（见表 2-12）。

表 2-12 1978 年春插腋芽生根愈合情况

处理	扦插叶片数	生根数 + 愈合数	处理有效率（%）
CK	200	133	66.5
IBA（200 毫克/千克）	200	166	83
NAA（200 毫克/千克）	200	160	80
2.4-D（200 毫克/千克）	200	28	14

（三）1979年夏插：

1979年7月1日，分别采取1978年老叶片和1979年春梢叶片及带有上述叶片的芽，埋入土中1/3。株行距8厘米×4厘米。将吲哚丁酸（IBA）、α-萘乙酸（NAA）、2.4-D和赤霉素分别配成100毫克/千克溶液，扦插时，将叶及芽的基部在溶液中浸24小时，用清水冲洗后插入土中。实验中另设一组用清水浸泡叶芽基部作为对照。

1979年11月22日统计，新梢部位材料扦插比老枝部位材料易于愈合及生根；在老枝部位材料中，芽插比叶插处理有效率高。在新梢部位材料中，芽插与叶插之间其处理有效率差异不明显。从用植物生长素一类物质处理的效果来看，吲哚丁酸（IBA）100毫克/千克处理效果最好，处理的新梢叶片扦插有效率达92%；赤霉素100毫克/千克和α-萘乙酸（NAA）100毫克/千克处理的效果不及对照（详见表2-13）。不论新梢和老枝其芽插的插穗1980年陆续抽梢（图2-2、图2-3），而叶插未见抽梢。

图2-2 油茶芽插生根抽梢（A为芽带的叶片） 图2-3 芽插长成的植株（四年生苗）

（四）1980年春插

1980年3月25日，于1979年老枝上采摘芽插和叶插的插穗，分别用吲哚丁酸（1-BA）、吲哚乙酸（IAA）、α-萘乙酸（NAA）溶液处理，剂量均为100、200、300毫克/千克三种等级。插时，将芽和叶的基部在溶液中浸24小时，而后用清水冲洗，将芽埋入土中，扦插的叶和芽所带的叶均入土1/3，株行距为8厘米×4厘米。芽插和叶插两组各设对照。

表2-13　1979年油茶叶插和芽插夏插生根愈合情况

取材部位	插穗类别	IBA(200毫克/千克)			2.4-D(200毫克/千克)			CK			赤霉素100毫克/千克			NAA(200毫克/千克)		
		插穗数	生根数+愈合数	处理有效率(%)	插穗数	生根数+愈合数	处理有效率(%)	插穗数	生根数+愈合数	处理有效率(%)	插穗数	生根数+愈合数	处理有效率(%)	插穗数	生根数+愈合数	处理有效率(%)
老枝(1978年)	芽插	70	46	65.7	70	45	64.3	70	41	58.6	70	32	45.7	70	36	51.4
	叶插	70	17	24.3	68	12	17.7	70	19	24.2	69	12	17.4	68	15	22
新梢(1979年)	芽插	100	82	82	100	82	82	100	81	81	100	67	67	100	82	82
	叶插	100	92	92	100	82	82	100	87	87	100	88	88	100	78	78

表2-14　1980年油茶叶插和芽插春插生根愈合情况

插穗类别	剂量	IBA			IAA			NAA			CK		
		扦插数	生根数+愈合数	处理有效率(%)	扦插数	生根数+愈合数	处理有效率(%)	扦插数	生根数+愈合数	处理有效率(%)	扦插数	生根数+愈合数	处理有效率(%)
芽插	100毫克/千克	100	70	70	100	72	72	99	72	72.9	100	73	73
	200毫克/千克	100	68	68	100	79	79	100	76	76			
	300毫克/千克	100	60	60	100	70	70	99	87	87.9			
叶插	100毫克/千克	100	77	77	100	44	44	100	29	29	100	66	66
	200毫克/千克	100	75	75	100	49	49	100	49	49			
	300毫克/千克	91	48	52.7	100	65	65	100	55	55			

1980 年 6 月 8 日统计得知，春插材料总的来说，芽插的比叶插的处理有效率高。就生长素一类物质处理效果而言，吲哚丁酸（IBA）效果总的来说较好，α-萘乙酸（NAA）和吲哚乙酸（IAA）处理的效果次之（一般比对照差），不带芽的比带芽的显著（详见表 2-14）。

三、结论

探索油茶叶片扦插这一器官部位的再生能力，具有一定理论意义。但叶片扦插，通过用植物生长素一类物质处理，仅能愈合、生根，不能形成芽，目前难以具有实用价值。而叶芽（带叶片）扦插，通过上述植物生长素类物质处理，则能生根并形成完整植株，具有一定的成功率。这对于快速繁育油茶优株，保持良好特性，意义很大。芽插采用露地扦插的办法，设备简单，便于管理，生产上可能直接采用。通过四年芽插及叶插试验，可作如下小结：

油茶芽插与叶插可以在春季或夏季进行。春季在芽未萌动前扦插。夏插在春梢开始木质化时扦插。春插时气温为 15 ～ 19℃，由于土温低于气温，一般插后一个半月左右才开始愈合生根；夏插时气温为 25 ～ 30℃，由于土温较高，插后 20 多天即可愈合生根。春插在 3 月和 4 月上旬芽还未萌发时进行；夏插宜于 6 月下旬和 7 月上旬进行。

油茶夏插，当年春梢的材料比上年老枝的材料愈合生根效能高，而老枝的材料芽插比叶插易于愈合生根。至于当年春梢材料，芽插与叶插之间愈合生根的差异不显著。当然，两种情况的芽插都能形成完整植株，具有实用价值。

生长素一类物质对油茶叶片腋芽插穗进行处理，以吲哚丁酸（IBA）处理效果最好，1979 年夏插，用吲哚丁酸（IBA）100 毫克 / 千克 溶液处理新梢叶片插穗，愈合生根率达 92% α-萘乙酸（NAA）处理的效果仅次于吲哚丁酸（IBA），它的溶液浓度以 200 ～ 300 毫克 / 千克 处理效果较好，2.4-D 在浓度为 100 毫克 / 千克 时处理效果较好，浓度为 200 毫克 / 千克 时效果较差。赤霉素和吲哚乙酸（IAA）效果不明显。

油茶芽插和短穗扦插不同。短穗扦插的枝条，插穗长 3 ～ 5 厘米，基本上是一节剪成一根插条，留一芽一叶，上方剪口离芽 0.2 厘米，基部削面呈"马耳形"，试剂处理后，插入土中 2 ～ 3 厘米。

1978 年春（3 月 3 日），带叶腋芽扦插和短穗扦插同时进行，以吲哚丁酸（IBA）200毫克/千克 溶液处理。1980 年 7 月统计苗生长状况（见表 2-15），通过比较结果来看，短穗插所得的苗比芽插的苗生长稍微好些。

四、问题讨论

（一）试验发现，切成半个的油茶叶片，只要保留中脉，亦足以愈合生根（图 2-4）。说明油茶叶片愈合生根的能力是强的。但扦插的叶片尚不能形成不定芽，导致不能发育成完整的植株。这一点与秋海棠类植物不同。如何使油茶叶片扦插的愈合组织产生不定芽，这是一个尚需继续研究的理论问题。从本试验结果看，应用带叶的腋芽进行芽插有一定的成功率，这方面用在油茶优株的快速繁育上，可能很有希望，今后应扩大试验。

图 2-4　半片油茶叶片愈合生根

（二）油茶叶片与腋芽的扦插，易染油茶软腐病。尤其春插气温低、湿度大更易得病。油茶软腐病为真菌性病害，受害叶片易腐烂变黑。因此，要搞好扦插，除注意适当浓度的生长刺激素处理外，还应注意防病。

表 2-15 1978 年春短穗插和芽插所得油茶苗情况

株号	芽插 IBA200 毫克 / 千克						短穗插 IBA200 毫克 / 千克					
	株高（厘米）	基径（毫米）	分枝数	春梢长（厘米）	冠幅(厘米)		株高（厘米）	基径（毫米）	分枝数	春梢长（厘米）	冠幅（厘米）	
					东西	南北					东西	南北
1	62	8	9	22	49	32	123	11	28	21	39	73
2	53	9	7	23	31	55	81	12	27	18	64	36
3	68	11	12	25.5	72	63	83	9	19	28	63	35
4	72	10	10	29	65	61	77	10	15	21	42	40
5	68	11	12	28	52	72	67	8	9	16.7	39	22
6	29.5	6	6	13.3	17	20	98	9	19	26	58	69
7	67	9	9	21	76	34	103	13	25	14	63	47
8	42	6	3	23	35	34	57	6	5	20	19.5	31
9	73.5	10	8	23	36	39	79	8	14	28	34	27
10	36	5	6	12.5	11	22	53	6	5	23	27	39
平均	57.1	8.5	8.2	22.03	44.4	43.2	82.1	9.2	16.6	21.57	44.85	41.9

（本文原载《陕西林业科技》1980 年第 5 期）

油茶种子胚和子叶移接法

西北植物研究所 李玉善

为了探索油茶嫁接的新途径，我们在陕西省南郑区两河油茶场进行了油茶种胚和子叶移接实验，用云南腾冲红花油茶和福建的普通油茶种子进行胚和子叶的正反接，1978 年得到 12 株胚接苗，1979 年得到 17 株胚接苗，移接成苗率 25%。油茶种胚和子叶移接的步骤是：

1.春暖时将油茶种子浸泡 3 昼夜，使茶籽吸水膨胀。每天更换清水一次。

2.将油茶胚周围的硬壳剥去（注意不要剥去整个种子的硬壳），用保险刀片将胚切下来，这个胚作为接穗。

3.把作接穗的种胚接在去掉胚的子叶上（注意切口要平，两个切面要密接），然后用凡士林或液体蜡把切口和子叶裸露的部分封好。种胚芽尖不要封，以免影响发芽。

4.把接好的种子播种在经过细致整地的苗圃里或沙盘里，保持土壤湿润。出苗后注意遮阴。也可以先催芽，后播种。

表 2-16　腾冲红花油茶种胚接普通油茶子叶

	株高（厘米）	叶片数	茎粗（毫米）	分枝数
成功	26	22	5	2
未成功	10	9	2	0

注：未成功者 1978 年 6 月出苗，1979 年 9 月死亡

表 2-17　普通油茶种胚接腾冲红花油茶子叶

	株高（厘米）	叶片数	茎粗（毫米）	分枝数
成功	23	15	5	2
未成功	4	3	1.8	0

观察发现，胚移接种子出的苗与没有移接的油茶种子出苗时间基本一致。接胚种子出的苗与采胚用的油茶种子出的苗，其茎、叶等特征基本相似。未与子叶接合成功的胚，虽然也可以发芽出苗，但由于营养不良，生长非常瘦弱，大多中途夭折。腾冲红花油茶与普通油茶互接出苗情况见表 2-16，表 2-17。

采用种胚移接法的优点是：

①可以把不易用植株嫁接的油茶进行嫁接；

②可以使子叶发育不良的油茶种子胚利用发达的油茶子叶营养达到正常发育；

③这种方法，在油茶育种上，尤其在远缘杂交方面有一定的应用价值。

（本文原载《林业科技通讯》1980 年第 10 期）

油茶的栽培和利用

李玉善　编著

　　油茶从广义上来说，包括山茶属中以收种子榨油为主要经济目标的树种，山茶属植物全世界有 196 个种，共分 4 个亚属，19 个组，其中 90% 分布在我国。油茶按花色来分，有白花（普通油茶、攸县油茶、华南油茶、小叶油茶、博白大果油茶）、红花（浙江红花油茶、广宁红花油茶、腾冲红花油茶、宛田红花油茶、茶陵红花油茶）和黄花（金花茶）三种。按果实可分为大果型、中果型和小果型三种。油茶果为蒴果，果实大的如柚子，每个有 2 ～ 2.5 千克重；小的仅似蚕豆。普通油茶为中果型，开白花，是我国种植面积最大的油茶种。我国油茶主要分布在长江和秦岭以南。江西、湖南、广西、广东、福建是我国油茶的集中产地，陕西省南郑、镇巴、汉阴、安康、镇安、商南等县有大面积分布，我国是世界上产茶油最多的国家，年产茶油 125 000 吨。

　　茶油色清味香。每 100 千克茶籽可榨油 23 ～ 30 千克。在世界上，橄榄油被誉为品质最佳的植物油，而茶油与之接近，茶油有两大特性：第一，不饱和脂肪酸含量高达 88.9%，其中亚油酸含量 12.2%，是优质的食用植物油。不饱和脂肪酸能降低血胆固醇，对防治心脏病和高血压有一定的效果。第二，茶油长期贮存不易变质，煎炸的食品颜色鲜黄，味道可口，适于烹制罐头，是罐头工业的理想用油。茶油是我国传统的出口物资，在国际市场上是畅销商品。茶油还可用做机器润滑油，铁器防锈油、人造奶油、生发油、肥皂、蜡烛、凡士林、医药等轻工业的原料。茶饼含氮 1.99%、磷 0.54%、钾 2.33%。茶饼一般含有皂素 8.78%，皂素可作医药抗渗剂、消炎剂、清洁剂，丝毛织物炼染剂、助泡剂，农药乳化剂，感光胶电薄膜展开剂。皂素经炮制，可防治蛴螬、甘薯小象鼻虫、麦蚜、棉蚜、红蜘蛛等；配成农药，可防治柑橘吹棉介壳虫。

茶仁饼是猪的精饲料，含蛋白质 12.1%，脂肪 6.89%，无氮抽提物 27.6%，矿物质 6.29%。据试验，用茶仁饼喂架子猪，每头每天可增重 0.25 千克。油茶果壳可用作制栲胶、糠醛、活性炭、碳酸钾的原料。100 千克茶壳可制 9 千克栲胶，15 千克活性炭，1.5 千克碳酸钾。油茶木质坚韧，是工农业用具的良好的用材。

发展油茶生产，还有如下好处：

栽种油茶，生产茶油、皂素和饲料，经济效益显著。我国人多地少；山坡多，平地少。充分利用荒山坡栽种油茶，扩大耕地面积，能克服油粮争地的矛盾。茶油增多，皂素价值高，可使山区经济繁荣，利国利民。

绿化荒山，防止水土流失，调节生态平衡。油茶枝繁叶茂，叶片层层叠叠，15 年的树冠有 4 平方米。油茶根系发达，主根深达 3 米，盘根错节，固土能力很强，能大大减少径流冲刷。加之营造水平梯地，充分发挥了油茶园保水保土的作用。油茶树四季常青，除具有一般树种吸收二氧化碳，放出氧气，吸附尘埃，调节空气湿度，净化空气的作用外，它抗硫化物污染的能力也很强，是保护我们生活环境的优良树种。油茶春季或秋季开花，花果并茂，花色艳丽多彩，是美化环境的好树种。

种植油茶，管理投工少，经济效益高，种植油茶，除头年开荒用工较多外，平常每公顷复垦用工，只相当于种植每公顷油菜用工量的十分之一，亩产茶油可达 15～25 千克。近年来，广西、湖北、浙江、广东等省（区）出现了不少亩产 50 千克油的油茶山。油茶种后一般三年开花结果，五年即有效益。管护好的，受益可在百年以上。

一、普通油茶的生物学特征和植物学性状

油茶是多年生常绿木本油料树种，它的生长发育可分为个体的生命周期和发育的年周期两个方面。

（一）油茶的个体生命周期

从种子萌发、幼苗生长、开花结果至死亡，这个过程称为油茶的个体生命周期，它的寿命一般长达七八十年，根据油茶个体生长发育情况，它的生命周期可划分为幼龄阶段、逐渐成熟阶段、成年阶段和衰老阶段四个时期。

1. 幼龄阶段：从种子发芽到开始开花结实，约有 3～5 年时间。这个阶段的特点是：营养生长旺盛，树高生长量大于树冠，春、夏、秋三季度都萌发新梢，是油茶生长发育的基础阶段。

油茶种子播种后，当种胚开始

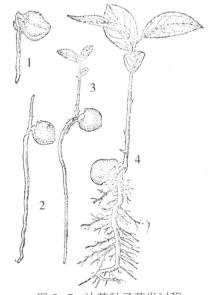

图 2-5　油茶种子萌发过程
1. 幼根萌生；2. 萌发出互生不育叶；3. 开始形成互生发育叶；4. 形成幼苗

萌动时，最初形成乳白色棒状突起，这是主根的初生体，它渐向土中深处垂直伸长，生成主根。主根伸长至 7 厘米左右时，胚芽开始出土，形成幼苗。

其后主根逐渐伸长，同时分生侧根和须根，须根普遍着生在这些粗壮的侧根上，逐渐形成放射状深根性根系（图 2-5）。

2. 逐渐成熟阶段：从开始开花结实到树冠基本形成，约有 8～10 年时间，这个阶段的特点是：树冠离心生长大于高生长，春、夏两季萌发新梢，秋梢减少。茶果产量迅速增加。

油茶树主干是全树生长结实的总枢纽。主干过高，树冠体积小，冠表面积也小，结实层薄。主干适度矮化，树冠体积大，结果面积大，产量高。但主干也不过矮，过矮会形成蔓生形。树冠贴近地面，通风透光不良，下面叶易黏泥土，影响光合作用。根据油茶树冠开张和直立的特点，把油茶划分为高脚型和矮脚型两类。高脚型油茶树冠开张，呈伞形，分枝角度较大，枝叶茂密，结果均匀，产量高且稳定。

3. 成年阶段：是油茶树大量生产的阶段，大约为 50～60 年时间。这个阶段的特点是：营养生长（枝叶生长）和生殖生长（开花结果）都很旺盛，春梢多，夏梢少，树冠内外上下立体开花结果，产果量高。

这一阶段油茶树继续增高，最后平均高度可达 3～4 米，冠幅随着新梢的生长，不断向四周扩展。油茶树干光滑、皮薄、呈灰褐色，木质坚硬。根系可深达 3 米以上，根为黄褐色，根幅随着冠幅的生长而不断扩大。树上的骨干枝和土中相关侧根对应生长。

4.衰老阶段：油茶生长到 70～80 年以后，营养生长和生殖生长衰退，节间很短，枝叶稀疏，常有枯枝出现。果实多着生在树冠表面，产量下降，大小年显著，这时就要采用萌芽更新或造林更新，对更新的树加强抚育管理，促进早日开花结果。萌芽更新后的油茶树，一般还可丰产二三十年。

（二）油茶发育的年周期

油茶年发育周期，包括枝、叶、芽、花、根系、果实和种子等器官的生长发育。它的休眠和生长没有明显的界限。

1.芽和新梢：油茶新梢伸长，发叶，在叶腋形成腋芽，生长停止后，顶端形成顶芽。顶芽多为三个芽（也有 5 个芽的），中央为主芽，其余为副芽。叶腋间生有两个芽，一个为主芽，另一个为副芽。花芽单生，也有 2～3 个集生的。花芽圆而胖，略带红色。叶芽瘦而长，带青色，叶芽形成新梢。

枝干上很明显的芽称为显芽，不明显的芽称为隐芽。顶芽和腋芽为显芽，根茎和枝干上呈休眠状态的芽为隐芽。隐芽遇到机械损伤（如砍伐、折断）会大量萌发新梢。利用这种特性，对油茶能进行切枝或切干更新复壮。

5 月中旬顶芽和腋芽已形成，新梢进入休止期。5 月下旬芽开始分化为当年的花芽和翌年萌发春梢的叶芽。少数春、夏梢上的芽，经过 20 天左右的休止期，萌发成夏梢和秋梢。新梢按其生长季节的不同，分为春梢、夏梢和秋梢三种。

春梢：当 3 月上旬或中旬气温达到 11℃时，春梢开始萌发，一般 1～2 年生的健壮枝条的顶芽或以下几节侧芽抽生的春梢，当年形成花芽，是翌年的结果母枝。5 月上、中旬抽梢基本结束，5 月中旬以后，春梢生长缓慢，加粗，逐渐木质化，进入养分积累阶段。春梢是构成树冠的主要组成部分。

油茶 3 月初到 4 月初生长迅速，春梢可增长 6.8 厘米，约占总生长量的 80%，平均每天增长 0.23 厘米；4 月初到 5 月初增长 1.7 厘米，约占总生长量的 20%。油茶营养条件好，水分充足，春梢抽得多，生长的好，芽的数量增多，饱满粗壮，结果多，产量高。

油茶往往出现"一年大年，一年小年，一年平年，三年一周期"的结果规律，这主要是因为油茶的有机养料具有优先供应果实成长的特性，油茶幼果期正处于春梢生长阶段，结果过多，当年的春梢生长减弱。果实迅速生长的 7～8 月，正处于花芽分化盛期，如当年结果过多，养料供应不足，轻则花芽减少，重则花芽完全不能分化，这样第二年产果量就急剧下降。又由于当年结果过多，消耗了体内积累过冬的养分，使叶片发黄，大量脱落，生长极度衰弱，致使第二年春梢抽生不良，又影响第三年的产量，从而出现了"大年—小年—平年"的周期规律。

采用大年花期重施肥的方法，对促进翌年（大年）春梢萌发，增加后年（小年）结实量，缩小大小年差距有一定的效果。因大小年是由于结实过多，有机养料不足引起的，因此，对结实过多的枝条，在春梢萌发前疏剪，是保持有机养料均衡供应，缩小大小年差距的一项有效措施。特别是对因结果过多，叶片大量脱落，生长受到严重影响的植株，采用强度修枝，对恢复树势有明显的效果。

夏梢 5 月中、下旬开始由春梢顶芽抽生，也有从春梢腋芽抽生的，还有从两年生或更老枝的隐芽萌生的，7 月下旬终止。有的树可萌发两次夏梢。光照条件充足，结果较少的枝顶或顶芽受伤后，靠近顶芽的几节腋芽也会萌发。夏梢一般生长在树冠的外围。夏梢在一定情况下也能分化花芽并结果，特别是刚开始结果的幼树，占有一定的比重。

秋梢一般在 9 月上旬萌发，10 月中旬终止。秋梢多数从没有分化花芽的夏梢上抽出，也有从春梢上抽生的，多数生长较差，少数徒长。叶薄，叶色红的枝条，不能分化花芽，容易遭受霜冻。

2. 花

（1）花的形态：普通油茶花白色，两性，几乎无柄，顶生或叶腋单生，花由花萼、花冠、雄蕊（花药、花丝）、雌蕊（柱头、花柱、子房）组成。雄蕊三列，外面二列花丝仅基部合生，内面一列花丝分离，花丝白色或淡黄色，花药金黄色。雄蕊数目变幅较大，为 79～174 枚。雄蕊花柱、柱头淡黄色，花柱长 9～10 毫米，顶端 3～5 裂。子房上位。子房密被白色丝状茸毛。花柱裂数与果实子粒数相关。多数雌蕊比雄蕊长，少数雄蕊比雌蕊长，或雌雄蕊等长。萼片 5～9 枚不等，7～8 枚居多，覆瓦状排列，萼片黄褐色，阔卵形。花瓣为倒卵形或披针形，白色，4～9 枚不等，5～7 枚的较多。花瓣顶端深二裂，瓣长 2.5～3.5 厘米，宽 1.2～3.5 厘米。少量植株花朵或花蕾顶端出现淡红色斑点或斑块。

（2）花芽分化：从 5 月中旬开始花芽分化，到 9 月中旬完成，历时约 130 天。6 月下旬以前分化率占 17%，7 月上旬到 7 月下旬分化率为 67.3%，8 月以后分化率占 15.3%。陕南 7、8、9 月为雨季，对油茶花芽分化有利。当 5 月气温为 18℃时，花芽开始分化，22℃以上时出现雌蕊、雄蕊，27℃以上时花粉粒形成，完成花芽分化的生物学积温需 4 118.3～4 393.8℃。

花芽分化大致可分为四个阶段。

第一阶段：5 月下旬开始，一部分芽的生长椎明显增宽，基轴加粗，呈平圆锥形，这就是花芽原始体，芽上有鳞片 5～6 个。

第二阶段：在 6 月初，生长点的边缘形成新的突起，不断伸长，分化成 4～5 个花瓣，覆盖着生长点，中间凹陷，这就是花瓣原始体，这时芽上有鳞片 8～10 个。

第三阶段：6 月中旬，在花芽生长椎整个表面形成许多突起，并不断增长形成雄蕊，生长点突起不断增长形成雌蕊，这就是雌、雄蕊的原始体，这时花芽初步形成，先端呈粉红色，有鳞片 11 个以上。

第四阶段：8 月中旬以后，花丝逐渐伸长，柱头分成 3～5 裂，9 月中旬雄蕊形成黄色的花粉粒，子房上的茸毛不断增加，花芽分化全部完成。这时芽上的鳞片仍有 11 个以上。

花芽分化的比率和迟早经常受品种类型、树龄大小，结果多少以及栽培条件等因素的影响。寒露类型比霜降类型分化的早；结果少的比结果多的早。同一棵树，树冠下部的枝梢比上部的早，外围枝上的比内膛枝上的早；阳坡生长的比阴坡的早。

（3）开花：油茶种不同，开花时期也不同，在陕南，普通油茶 9 月中、下旬开始开花，10 月上旬到 11 月中旬为盛花期，12 月上旬终花，个别植株开花可延续到第二年2、3月，攸县油茶盛花期在2月上旬到3月中旬，浙江红花油茶和腾冲红花油茶盛花期在3月上旬到4月中旬。

就一朵花来说，开花可划分为五个过程。

蕾裂：花蕾开始产生裂缝，鳞片相互分离，花瓣顶端微露。

初开：苞片开始分开，花瓣三分之一露出，花丝仍被花瓣紧紧包着，由蕾裂至初开须经过1～2天。瓣立：花瓣松开，但尚未平展，花瓣与花丝抱合，部分花药裂开，散出花粉。柱头尚未分泌黏液。从初开至瓣立，通常需30～45分钟。

瓣倒：花瓣全部展开，花丝与花瓣分离，花药全部裂开，散出花粉，子房周围分泌大量黏液，柱头已黏附大量花粉，由瓣立到瓣倒通常约经45～60分钟。

柱萎：花瓣凋萎，花药干缩，蜜液消失，柱头逐渐变为黄褐色，由瓣倒至柱萎通常约经5～6天。

油茶花期迟早和花期气候条件是决定结实力和产量的主要因子。油茶结实与花期气温呈现出以下规律：盛花期气温低于常年，则下年为歉收年（小年）。花期气温正常，下年为平收年。如当年为丰收年（大年），则下年为歉收年。如当年为歉收年，次年就可能有好收成。花期气温高于常年，则下年为丰收年。如当年产量高，则下年为平收年。油茶花期日照时数长短及雨量的多少。对油茶的结实量影响很大。如花期降水日数和降水量低于常年，则来年产量高，否则，来年产量下降。油茶开花较早的类型之所以产量高，是因为开花期气温高，有利于传粉媒介的活动。花粉生活力强，发芽率高。迟开花的类型盛花期气温低，易受冻害，传粉昆虫少，花粉发芽率低，产量也低。

3. 叶

普通油茶叶片为倒卵形或椭圆形，叶片长3.5～9厘米，宽1.8～4.2厘米，叶片基部楔形，顶端渐尖或急尖。除叶基外，边缘每边有较深的锯齿15～27个，幼叶齿端有黑色骨质小刺，叶表面绿色有光泽，背面淡绿色，无毛或中脉基部有少数毛，叶互生。叶柄长4～7毫米，有毛。

叶芽3月上旬萌动，4月上旬叶开始展开。叶初生时呈淡红色，后渐转绿色，最后呈浓绿，有光泽。叶是制造有机养料的器官，植株的叶片多少，能影响当年及下年的产量，并与出现大小年有关。如果植株平均每个果只有 2～3 片叶时，就很难分化出花芽，每个果平均能有 20～30 片叶子的植株，产量才能比较稳定。

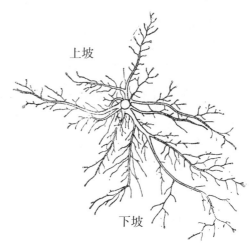

普通油茶的成年树，一般每年发叶一两次，幼树每年发叶两三次。展叶时期分别在 4 月上旬、7 月下旬、9 月中旬。油茶单叶面积，小年比大年大；

图 2-6 坡地六年生根系水平分布图

树冠中部比上部和下部大；形成花芽的枝条总面积比未形成花芽的大。经过施肥、垦复的油茶叶面积比未施肥、未垦复的要大。

油茶是常绿树，油茶叶片的寿命一般为两年，阳光不足，氮气充裕，水分较多的植株，有的可延长至三年才脱落。油茶新老叶的更替，全年各季都在进行，主要集中在 3 月下旬到 4 月中旬，其次是 6 月下旬到 7 月下旬，再其次，是 8 月下旬到 10 月下旬。

4.根

油茶主根发达，占总根重的 80% 左右，向下延伸 1.5 米以上，深的可达 2～3 米，油茶根系的分枝类型为扩散型。

油茶根具有很强的再生能力。根系因复垦或中耕受伤之后，绝大部分都能愈合，并能萌发出大量的须根。直播造林植株主根比较发达，移栽的植株侧根比较发达。油茶根系在 2 月中旬开始活动，3 月下旬至 4 月中旬为生长最迅速的时期，6～7 月生长快，持续时间较长，12 月下旬至次年 2 月初根系生长缓慢。根系一年有两次生长高峰，春季当土温达到 17℃，水分含量在 30% 左右时，出现第一次生长高峰；秋季土温 27℃，含水量在 17% 左右时，出现第二次生长高峰。

斜坡地栽植的油茶，水平方向分布的根系多而长，下坡方向分布的次之，上坡方向分布的少而短（如图 2-7）。因此，坡地栽植油茶时，水平方向的距离宜适当地宽些，而上下方向的距离可稍窄。

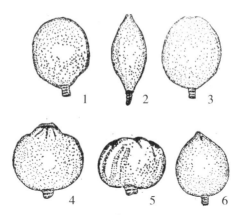

图 2-7　油茶主要果形

1.圆球形；2.橄榄形；3.倒卵形；4.金钱形；5.橘 形；6.桃 形

5.果实和种子

油茶果实为蒴果，果形依种类和品种而异，　主要有球形、橄榄形、金钱形、橘形、桃形和倒卵形。（如图 2-8）子房 3～5 室，胚珠附着在中轴上，每室有子 1～8 粒。果实成熟后，应及时采摘，否则会自然裂开，吐出种子，使其散失，难以收获。

油茶种子没有胚乳，种仁就是子叶。油茶种子颜色分铜壳、铁壳、花壳三种。铜壳的含油率较高，花壳的饱满度与含油率都较低，铁壳居中。

二、油茶的生态习性和生理特性

（一）普通油茶的生态习性

1.土壤

油茶产区的土壤主要是红黄壤、黄棕壤或黄壤，少数是红色或紫色沙土。这些土壤多为沙岩、页岩、沙页岩、紫色沙岩等发育风化而来，土层深厚不一，一般在 1 米以上，土壤表层多为沙壤土或壤土，底层为黏壤土或黏土。油茶对土壤的要求，既有广泛的适应性，又有较严格的选择性。油茶最适宜生长在疏松，　湿润，透气性好，保水性强，深厚肥沃，壤质且含有少量石砾的酸性红壤或红黄壤土。土壤黏重板结、贫瘠、干燥的地方，虽能生长，但长势弱，单产低，种仁含油率也不高。

油茶是嫌钙植物，根细胞中磷酸盐的含量低，因此，油茶最不能适应碱性土壤。一般来说 pH4.5 ～ 6.5 的土壤适宜种植油茶，pH5 ～ 6 的酸性黄壤或红壤为最适宜。凡是长有铁芒箕、映山红、云南松、丝茅草、柃木、茶叶、马尾松、蕨类、桃金娘、白茅、金樱子、算盘子、乌毛蕨、枫香、五榕树、巴茅草、杉木等酸性指示植物的山地均适宜种油茶。在中性土壤上，油茶虽然能生存下来，但开花结实不好；在微碱性土壤上，油茶出芽后生长不良，甚至会慢慢死去。

2. 气候

（1）气候：油茶起源于我国亚热带南部，喜温暖、湿润的气候。普通油茶一般要求年平均温度 14 ～ 21℃，全年生育期的有效积温为 4 000℃左右。短时间的 -10℃低温尚能越冬。陕西和甘肃南部元月份平均温度均为 -3 ～ -5℃，油茶可以安全越冬。最热月平均温度以不超过 31℃为宜。

油茶开花时节的气温，对油茶丰产至关重要。油茶花期平均气温以 13 ～ 14℃为宜，低于 10℃易损伤花器，影响授粉昆虫活动，不利于授粉、受精。油茶花受精后，萼片、花瓣干枯，包裹着子房，不脱落，有保温防冻作用。"立春"后，气温回升，日平均气温在 9℃以上，幼果开始生长，随着子房膨大，枯萎的花瓣脱落，群众称之为"脱衣"，这时若温度突然降到 -1 ～ -2℃，幼果易受冻脱落。

在海拔 800 米以上的高山区和陕西、河南、安徽、江苏、甘肃等油茶分布北缘地区，栽种油茶时，气温是保证稳产的重要因素。要调查清楚该地区的气温条件，尤其是花期和早春气温变化情况，选择适宜的品种，注意减少花果脱落，才能提高产量，夺取丰收。

（2）水分：油茶喜湿润的气候，在年雨量为 800 ～ 2 000 毫米，相对湿度为 70% ～ 80% 的地区，适宜油茶生长，在 7 ～ 8 月间，若雨水缺乏，茶果发育不好，种子不饱满，含油率低；同时会引起落果，使产量下降。群众说"7 月干球，8 月干油"，就是这个道理。

汉中在 7 ～ 9 月各月降水量都在 140 毫米以上，正好满足油茶长果和油脂形成对雨水的需求，10 ～ 11 月油茶成熟和盛花时节，若雨水多，不仅易使炭疽病为害加重引起落果，同时会影响油茶授粉、受精，导致次年油茶减产。

（3）光照：油茶幼苗喜阳。油茶幼苗对直射光要求不强。6 ～ 7 月烈日曝晒，易引起茶苗灼伤枯萎。南方山区采取油茶、油桐同穴混播。油桐比油茶发芽快，油茶幼苗在油桐庇荫下生长，能防止灼伤。在点播时，先播桐子2～3粒，相距33厘米，再播3～4粒油茶籽，桐子先出土，以后遮住了油茶苗。因为油桐生长快、寿命短，3年可以结果，8～9年就衰老了，这时油茶已经成林，伐掉油桐，油桐根系腐烂在土中，既疏松土壤，又做了油茶的肥料。

油茶大量开花结果时喜光，俗话说："当岗松，背阴杉，向阳山坡种油茶"就是这个意思。在年日照1 800～2 000小时的山地种植油茶最为适宜。油茶在阳光充足的南坡或东南坡，树冠宽阔、枝叶茂盛，花果累累，产量高，种子品质好；阴山长的油茶，树干高大，树冠狭窄，枝条细弱，开花迟，结果少，种子的品质差。

（二）普通油茶果实的成长和油脂的形成

油茶受精以后到12月中旬，子房略有膨大。12月中旬到翌年3月，气温很低，幼果生长相当缓慢，3月份以后气温回升，幼果生长加速，凋萎的花冠和萼片开始脱落，幼果完全裸露在外。

果实生长进程划分为前期、中期和后期三个不同的发育时期。

1. 前期

7月中旬以前为前期，此时果实较小，皮厚子小，种子柔嫩细弱，无明显的仁，种皮不发达，内容物呈黏稠状，油脂含量很少。

2. 中期

7月中旬到8月下旬为中期，中期果实生长迅速，横径生长超过纵径，果实由小变大，由长形变成长圆形或圆形。8月初果实体积膨大生长基本停止后，果实中总糖、单糖、蔗糖以及淀粉和水分含量不断减少，油脂含量呈直线上升。7～8月是普通油茶生长的关键时期，俗话说："油茶7月长球，8月长油"。果实的生长与油分的转化和土壤水分、肥力关系密切，要获得丰产，必须采取相应的栽培技术措施。

3. 后期

9月以后，果实进入成熟阶段，生长速度显著减慢，刚毛大量脱落消退，果皮开始发亮。在果实成熟期，油脂的转化和积累达到最高值。因此不宜提前采收未成熟的茶果。

（三）普通油茶的生理特性

1. 油茶的光合作用

油茶的光合作用就是油茶通过叶绿素利用太阳光能，将无机物合成为有机物的过程。它所制造的有机物质和贮存的能量，是油茶生长发育和繁殖的物质基础。

（1）光合强度的季节变化：6 月平均气温上升到 25℃时，花芽开始分化，光合强度出现第一次高峰，光合强度为 1.9～2.7 毫克二氧化碳 /平方分米时，9 月平均气温为 27℃，油茶进入果实形成油脂时期，光合强度上升到 1.5～1.9 毫克二氧化碳 /平方分米时，出现第二次高峰（如图 2-8）。

（2）光合强度的日变化：油茶林内小气候在不同季节差别很大，每天变化规律却基本一致。一天中，早晨 6 时光照较弱，油茶叶片的光合强度较低，随着太阳上升，光照加强，气温升高，光合强度 9 时出现第一次高峰。14 时后光照开始减弱，气温下降，光合强度随即上升，15 时出现第二次高峰。光合强度对光照和温度有一定的适应范围（如图 2-9），夏季比秋季光合作用时间长。

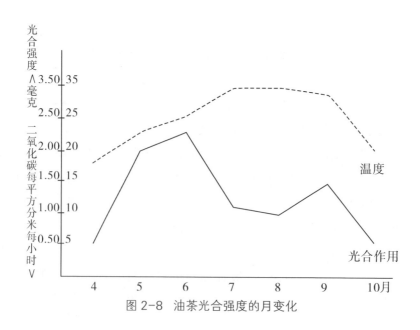

图 2-8　油茶光合强度的月变化

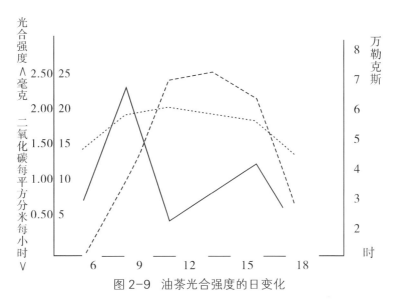

图 2-9　油茶光合强度的日变化

2、油茶的蒸腾作用

水分通过油茶叶表面，以气体状态散失到大气中去的过程，称之为油茶的蒸腾作用，蒸腾作用是油茶最基本的生理活动。蒸腾作用是油茶吸收和运转水分的一个动力，而且能使溶于水中的营养物质随着水分运转到植物需要的部位，还能降低叶面温度，避免灼伤。

白天的蒸腾强度因种而异。据测定，普通油茶蒸腾强度为 382 毫克水 / 平方分米时，攸县油茶 391 毫克水 / 分米 ^{2} 时，浙江红花油茶为 215 毫克水 / 平方分米时，腾冲红花油茶为 388 毫克水 / 分米 ^{2} 时。

3. 油茶对肥料的需求

油茶植株 5 月以前，主要是长枝叶，需要较多的氮肥，5 月以后，随着花芽分化和果实的生长，需要磷、钾肥逐渐增多。氮能促进枝叶生长，增加花蕾和结果数。磷能促进氮素代谢，缺磷时蛋白质代谢和脂肪合成受到影响。钾能促进输导组织和机械组织正常发育，对抗旱、抗寒、抗高温有着重要的作用。缺钾时光合作用减弱，糖类形成减少，影响脂肪的合成与积累，易引起叶子早落，油茶果实晚熟。

三、优良的油茶品种

经过十多年的试验，我们认为，在陕南种植攸县油茶、浙江红花油茶、腾冲红花油茶等油茶种以及普通油茶中的岭溪软枝油茶、永兴中苞红球油茶、葡萄油茶、风吹油茶等品种较为适宜。

1.普通油茶（如图2-10）又名茶子树。常绿小乔木或大灌木，高达4～6米。树皮淡褐色，新梢棕褐色。单叶互生，革质，柄短，先端渐尖，边缘有较深的锯齿，齿端有黑色骨质小刺，叶表面绿色有光泽，背面黄绿色，侧脉不明显。花白色，两性，无柄，花瓣5～7片，雄蕊2～4轮排列，花丝、花药金黄色。柱头3～5裂。果实蒴果，果皮有细毛。每果有种子1～20粒，中轴居中。种子黄褐色或黑褐色，三角状卵形，有光泽。

图2-10 普通油茶
1. 枝　2. 花　3. 雄蕊　4. 雌蕊
5. 蒴果　6. 种子

（1）广西岑溪软枝油茶：分布在广西岑溪、藤县一带，是普通油茶中的优良地方品种。产量高，较稳产，抗油茶炭疽病。含油率高，油质好，种仁含油率51.37%～53.60%，全子含油率为33.7%，酸价1.06～1.46，折光指数1.4672。1977年引种到汉中地区，1983年测定7年生植株，株高204厘米，地径3.86厘米，冠幅148厘米，平均单株产果980克，单株最高产果量3 700克。油茶果纵径3.32厘米，横径3.96厘米，果皮厚0.54厘米，单果平均重29克。生长快，开花结果早。

（2）永兴中苞红球油茶：分布在湖南永兴一带，具有适应性广，抗炭疽病能力强，产量高的特点，成熟时果皮多为红色，所以称为"永兴中苞红球"。茶果大小中等，果皮薄，坐果率高，结果最多。鲜果出子率35%～50%，干子出仁率59.6%～65.7%，种仁含油率50.5%～53.5%，茶籽含油率33.8%～35.1%。1977年引种到汉中地区，1983年测定7年生植株，株高181厘米，地径3.67厘米，冠幅150厘米，平均单株产果980克，单株最高产果量3 000克。油茶果纵径3.92厘米，横径3.96厘米，果皮厚0.27厘米，单果重28克、植株普遍是三年开花，四年挂果，个别植株在苗圃第二年就开花结果。在陕南"秋分"时节茶果成熟。丰产和抗病性能好。

（3）葡萄油茶：是广西桂林地区林业科学研究所选出的优良类型，具有稳产、高产、抗逆性强等特点。三个油茶果常常丛生在一起，一个果枝上常有四五个果，有的十多个。果枝像葡萄那样成串，产量较高。平均鲜出籽率 40.94%，干出籽率 29.1%，干籽出仁率 70%，干仁含油率 56.4%，全子含油率 36.68%，茶果含油率为 10.96%，平均出油率 31.88%，1978 年引种到汉中地区，1983 年测定 6 年生油茶植株，株高为 191 厘米，地径 4.81 厘米，冠幅 197 厘米，平均单株产茶果 885 克，单株最高产茶果 3.000 克，茶果纵径 3.06 厘米，横径 3.52 厘米，果皮厚 0.36 厘米，单果平均重 22.3 克。

（4）风吹油茶：福建省大田县选育。种后 4 年开花结果，7～8 年后进入盛果期，鲜果出子率 38%～40.6%，干果出子率 26.8%～31.2%，干子出仁率 62%～67%，种仁含油率 41.8%～43.4%，茶果含油率 7.17%～8.74%。1978 年引入汉中地区种植，优良性状表现明显。1983 年测定，6 年生株高 173 厘米，地径 3.99 厘米，冠幅 166 厘米，单株平均产量 1 225 克，单株最高产茶果 6 000 克。茶果纵径 4.26 厘米，横径 4 厘米，果皮厚 0.4 厘米，单果重 33.1 克。茶果多为球形，果实大而红。植株生长健壮，没有发现病虫为害。风吹油茶叶片大而厚，叶长 6.48 厘米，宽 3.86 厘米，叶面、叶背光滑，有蜡质，叶缘锯齿浅而稀，单叶有锯齿 40 个左右。

2. 攸县茶油（如图 2-11）别名野油茶、野茶子、薄壳香油茶。主要分布在湖南攸县、安仁一带，陕西安康、汉阴、镇巴、洋县也有野生分布。

攸县油茶为常绿灌木或小乔木，高达 4～5 米，一般多呈灌木状，侧枝排列紧凑，树冠圆头形，冠幅较小。树皮光滑，黄褐色。单叶互生下垂，革质稍脆，椭圆形，叶背有明显的腺点，锯齿细密尖锐。花蕾纺锤形，花白色，单生于当年枝顶第一到第二节叶腋。每朵花 5～7 枚花瓣，丛生，雄蕊花丝基部联合成筒状，并与花瓣基部结合，花开放时有橘子香味。柱头三裂，子房有白色茸毛，柱头内藏，不外露。蒴果椭圆形或圆球形，果实有 3～5 粒种子，果皮上有铁锈色的粉末，果皮粗糙，相当薄，熟时 3～4 裂。攸县油茶每年 2～3 月盛花，11 月初采摘茶果。

图 2-11 攸县油茶
1. 枝 2. 花 3. 雄蕊和花瓣
4. 雌蕊 5. 蒴果 6. 种子

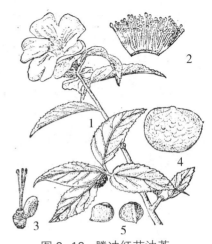

图 2-12 腾冲红花油茶
1. 花枝 2. 雄蕊 3. 雌蕊
4. 蒴果 5. 种子

攸县油茶 1973 年引进汉中地区后，在与本地油茶同样管理条件下，表现出如下特点：

（1）3 年开始开花，5 年普遍挂果，比本地油茶开花结果早，果皮薄，丰产性能好。

（2）每 500 克鲜果出子率 62% ～ 70%，比本地普通油茶高出 24% ～ 31.8%。种子含油率 31.37%，出油率比本地普通油茶高 7.1%。攸县油茶茶油酸价 1.86，皂化值 187.9，碘价 847，纯属不干性油，油清香味美，有光泽。

（3）抗严寒能力强，在 -8℃持续低温下，仍不受冻。

（4）抗油茶炭疽病能力比本地的油茶强，植株基本上不感染炭疽病。

（5）植株矮小，分枝紧凑，适宜矮化密植，每亩可种植 500 株。

（6）春花秋实，比本地油茶晚熟半个月，避开了农忙季节，不与农事争劳力。

（7）耐干旱瘠薄的能力比普通油茶强，施肥后增产效果显著。

3. 云南腾冲红花油茶（如图 2-12）别名红花油茶、南山茶、野茶花。分布于云南西部高黎贡山，以腾冲县云华一带较多。

常绿灌木或小乔木，高可达 10 ～ 15 米，呈伞形或圆头形。主干灰褐色，小枝红褐色。叶革质，椭圆形，单叶互生，叶缘有细锯齿，叶面浓绿色，叶背有明显的网脉。花两性，花瓣 5 ～ 6 枚，花冠直径大的可达 15 厘米，雄蕊 5 轮排列，花药金黄色，花丝淡黄色，雄蕊柱头 3 ～ 7 裂，一般深裂至花柱的二分之一。子房被毛。蒴果纵径最大可达 10 厘米，横径最大可达 11 厘米。种子褐色。

腾冲红花油茶喜温凉湿润的高山气候，能耐低温，在气候炎热的地方栽植，容易发生枯梢，开花少，结果少而小，生长显著不良。要求在深厚肥沃，排水良好 的微酸性土壤上种植，在瘠薄的沙壤上生长不良，结果迟，产量低。种植在南郑区海拔 800 米山上的腾冲红花油茶每年春节 3 ～ 4 月开花，10 月初收果。腾冲红花油茶花色多样，鲜艳夺目，是一种很好的观赏树。这种油茶树生产的茶油是很好的食用油。

4. 浙江红花油茶（如图 2-13）别名浙江红山茶。分布于浙江开化、丽水、常山、杭州。

浙江红花油茶为常绿灌木或小乔木。树皮灰白色，平滑。单叶互生，革质，边缘向外反卷，有细锯齿，叶面发亮，两面平滑无毛，叶柄粗壮，长 8 ～ 11 毫米。花单生枝顶，为艳丽的红色，苞片 9 ～ 11 个，密生丝状纤毛，萼片 5 枚，花瓣 5 片，雄蕊排列成二轮，柱头三裂，子房无毛。

浙江红花油茶喜生于海拔 800 米以上的酸性红黄土壤上，在海拔 800 米以下地区种植，有只开花不结实或结实少的情况。浙江红花油茶对病害抵抗力强，是高山地区良好的造林树种。南郑区引种的浙江红花油茶在春季 3 ～ 4 月开花，10 月上旬采果，这种油茶花期长，树形、花色美观，适于庭院种植。

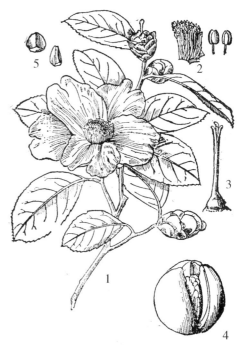

图 2-13　浙江红花油茶
1. 花枝　2. 雄蕊　3. 雌蕊　4. 蒴果　5. 种子

四、油茶的无性繁殖

（一）扦插育苗

1. 扦插育苗的优点

油茶扦插采用油茶树枝和叶，取材容易，可以节约大量油用种子。用同一母株插穗培育的植株树型，果实成熟期，叶色、叶型、果色、果型以及果实的大小都比较一致。用扦插苗造林，能比实生苗提前 2～3 年结果。扦插育苗技术比较简单，容易掌握，成苗率高，是一种比较经济的育苗方法，在油茶生产中被愈来愈广泛地采用。

2. 扦插的种类和方法

（1）短穗扦插：这种方法适宜大量育苗，扦插枝条一般应选自 10 年生，长势良好，产果丰盛，无病虫害的优良母树。剪木质化的嫩枝，长 3～5 厘米，抹去花芽，顶部留一叶，基部切成"马耳"形，剪口要平整光滑（如图 2-14）。插时先用铁钉在土中插个孔，再把插穗的三分之二插入土中，叶柄和腋芽露出土面，注意避免擦伤下部切口，插后用手指

图 2-14　油茶短穗扦插插穗

略压泥土，浇透水，使插穗切面与土壤密接。株行距 5 厘米 × 20 厘米。

（2）芽插：选生长健壮的 5～15 年生长的油茶树，大树采摘光照充足的外缘叶片，最好采摘树冠三分之一处的叶片。顶梢叶组织幼嫩，插后容易枯死，不宜采用。春季插过冬的叶片，夏秋季插当年生的叶片。插时，一叶片带一个腋芽（如图 2-15），叶片基部稍带木质或不带木质，叶片斜插，入土三分之一，插距 3～6 厘米，春季和秋季扦插时，叶的正面向南；夏季扦插时，叶的正面向北。插后，用手按紧泥土，浇透水，使叶面与土壤密接。

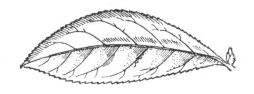

图 2-15　油茶芽插插穗

3. 插穗生根和抽梢

（1）扦插生根与插条的关系：油茶不同种，不同单株的插条，扦插生根的程度有差异。幼龄树（3～15年生）和中龄树（15～60年生）的插穗比老龄树（60～70年生）的插后容易生根。实生繁殖树插穗比无性繁殖树的插后容易生根。插穗条健壮，腋芽饱满，插后容易生根。树的幼枝插穗比老枝的插后容易生根。根部萌发的枝条做插穗，插后容易生根，但开花时间早。

（2）扦插生根与环境的关系：在25℃左右扦插的插穗，如果土壤和空气湿度高，扦插后容易生根。夏插比春插容易生根。插穗适当浅插，以利通气生根，生根后要经常喷施氮、磷、钾速效肥料和稀薄腐熟的人粪尿。插后，不宜让阳光直接照射，以散射光照射为好。

4. 扦插时间

（1）春插：2～3月，在油茶腋芽没有萌芽前，在优良油茶植株上选1年生健壮枝条或芽扦插。春季气温日益增高，土温上升，雨量多，空气湿度大，对插穗生根抽梢有利。春季不利因素是春寒和春旱。春插的先抽梢，后生根。芽插插后需过一个半月到两个月时间才能发根，短穗扦插，插后一个月抽梢。

（2）夏插：选当年生腋芽饱满、半木质化的春梢扦插。5～6月气温高，湿度大，插后20天左右即可生根。

（3）秋插和冬插：在秋季和冬季进行露地扦插，成苗率低。扦插宜在温床上或在温室内进行。

5. 扦插药剂的使用方法

（1）低浓度浸泡枝条处理法：将剪好的插穗捆扎成把，整齐地排列在瓷脸盆中，倒入配好的药液，浸没插穗1～2厘米，用纱布覆盖，浸泡12～24小时，取出插穗，用清水冲洗，然后扦插。

（2）高浓度蘸插穗处理法：在10毫升浓度95%酒精中，溶解20毫克吲哚丁酸，制成2 000毫克/千克的酒精溶液。把插穗基部在药液中蘸1秒钟，取出晾干，即可扦插。

在10克滑石粉中，掺入20毫克吲哚丁酸，制成2 000毫克/千克的粉剂。插穗基部蘸上薄薄一层，即可扦插。油茶扦插常用药剂浓度如下表（表

2-18）。

6.苗圃地的选择和整理

苗圃地一般选择土壤肥沃，浇水方便，地下水位较低的酸性或微酸性沙壤土，最好选择阴凉的小环境。

表 2-18　油茶扦插常用药剂的浓度

药剂名称	浓度（毫克/千克）	浸泡时间（小时）
萘乙酸（NAA）	200～500	12～24
吲哚乙酸（IAA）	500	12～24
吲哚丁酸（IBA）	100～200	12～24
2.4—D	50～100	12～24

苗圃地要适当施猪粪和速效氮、磷、钾做基肥，一般每公顷施猪粪7 500 千克，或腐熟饼肥 7 500 千克，深翻两三遍，打碎土块，清除草根和石子。按照地形、地势修成阳畦或阴畦。床面宽 1～1.5 米，高 15～20 厘米，以利管理和排水。床面要求平整，避免插后底层透风，影响插穗成活。床面均匀地铺上 5 厘米厚的过了筛的黄心土或紫红沙岩半风化状的沙土，或山坡冲积沙心土，压实整平，做为扦插土壤。为防止洒水时土粒溅在叶面上，扦插完毕后，在床面上铺上薄薄一层粗沙。

苗圃地要搭好荫棚，棚高 30～50 厘米。帘子可用竹子、芦苇、秸秆等制作，也可用高脚芒萁、松枝等植物枝叶遮阴，光线以透过 40%～50% 的日光为宜。

7.扦插苗的管理

插穗扦插后要及时浇水，使插穗与土壤密接。插后 10 天喷一次 0.2% 磷酸二氢钾溶液。插穗生根后，如遇久旱久雨，或杂草孳生，要及时松土除草，松土时不要碰插穗，施稀薄人粪尿，催苗生长。如发现软腐病等病虫害，要治早、治好、治了。

插穗苗根系浅，枝叶幼嫩，冬季易受冻，所以要防冻。冬季覆盖时，如覆盖塑料薄膜，必须保持土壤湿润，防止干旱，同时要通风透气，防止病菌滋生。

8.用扦插苗进行造林

扦插苗根系浅，当土壤干燥时，上山造林，不易成活。因此，要培育根系发达的壮苗。扦插成苗后，及早把苗移入营养钵，培育健壮发达的根系。插穗生根后要及时移栽，株行距以 50 厘米 × 50 厘米为宜。在苗圃中培养上山造林的大苗，在苗高 30 ～ 50 厘米时，及时去顶，促进分枝。要培育分枝均匀，枝叶舒展的丰产树型。

（二）嫁接繁殖

1. 接穗

一般选 1 年生已木质化的春梢或半木质化的夏梢作接穗。供采穗的母株应是优良的品种或类型，树势健壮，丰产稳产，无病虫害。采树冠外围中、上部叶芽饱满的枝条做接穗，接穗留一叶两芽较好。穗条粗度是影响成活的重要因素，粗细一般应在 0.25 ～ 0.32 厘米。

采好的穗条，应挂纸牌，标明种、品种、优株号，以及采集地点、日期。接穗宜随采随用。采下的接穗枝条要立即剪去多余的叶片，用湿布包裹，贮藏时间不宜超过一星期。采用 75 毫克 / 千克 2.4—D，或 150 毫克 / 千克 萘乙酸，或 100 毫克 / 千克 吲哚丁酸处理接穗 48 小时，会大大提高嫁接成活率。

2. 砧木

砧木选用 1 年生苗木或 4 ～ 7 年生幼树，生长要旺盛，无病虫害。高接换种的油茶林，大树应提前断砧。春接在嫁接前两个月断砧，夏接在嫁接前 20 天断砧，以刺激伤口，促进形成层活动，使砧木及早愈合。

3. 嫁接用具

主要用具有手锯、枝剪、嫁接刀、塑料薄膜或麻皮、接蜡等。

靠近地面嫁接时，接后覆土，包扎材料以麻皮最好。采用缝接法，不包扎成活率也高。其他接法可采用塑料带、塑料套绑扎，保湿效果较好。塑料带一般宽约 1 ～ 1.5 厘米，长约 40 厘米左右。

4. 嫁接季节

油茶嫁接时间，以"三底三初"为好，即春季嫁接在 2 月底 3 月初，夏季嫁接在 5 月底 6 月初，秋季嫁接在 9 月底 10 月初。春嫁需要 40 ～ 50 天愈合，夏接 20 天左右组织开始愈合，秋接不宜过早，否则，部分接穗会萌动、发芽、抽梢，嫩芽易遭受早期霜冻枯死。

嫁接宜在阴天，毛毛雨天以及晴天的早晨和傍晚，大雨天、中雨天，雨后晴天和大风天，都不宜进行嫁接。

5. 嫁接方法

油茶嫁接方法有 20 余种，如按形成层接触方式，大部分为下述两类。

（1）形成层对面接：这类嫁接法包括嵌合枝接、扭套接、皮下枝接、插皮接、拉皮接、芽接、厚芽皮下接、夏季袋接法等。下面分别作以介绍。

①嵌合枝接（如图 2-16）砧木粗 1 厘米以上，接穗粗壮，芽饱满，无病虫害，留三分之一叶。削接穗时，在离腋芽 4～5 厘米处削一刀，呈马耳形。翻转枝条，在芽的背面削第二刀，带木质部削去表皮。然后倒转枝条，在离芽上方 0.5～1 厘米处，再削第三刀，与第一刀相似，呈马耳形。选砧木光滑处，自上而下靠近木质部削一刀，将切开的韧皮上半部切去；根据接穗的长短，向上将砧木倒削一小刀。将接穗对准砧木形成层的一边，自下而上捆扎紧。

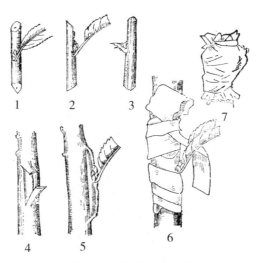

图 2-16 油茶嵌合枝接

1. 接穗背面　2. 接穗侧面　3. 接穗正面
4. 砧木切口　5. 嵌接穗　6. 包扎　7. 加罩

②扭套接（如图 2-17）砧木粗 1 厘米左右，接穗粗为 1～1.2 厘米，叶芽齐全饱满，离地 3 厘米处断砧，修光砧面，砧面以下 1 厘米环剥去皮；另取粗 1.2 厘米的接穗，选留一两个芽子连芽扭下（或环剥）接穗皮层，

皮宽1厘米，立即将皮套在砧木上，用麻绳扎紧，微露叶柄与芽，然后壅土，并加塑料罩保湿。

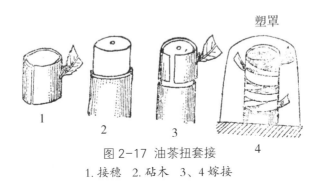

图 2-17　油茶扭套接
1.接穗　2.砧木　3、4 嫁接

③拉皮接（如图2-18）砧木粗2厘米左右。接穗留一叶两芽，芽要健壮饱满。嫁接时，在离地面50厘米高的砧木光滑处，用刀划成"门"字形。如果断砧，就要在砧木皮层上纵切一刀，切口长度与接穗削面长度相同，然后拉开砧木上端切口的皮层。取5～7厘米长的接穗，下部削一刀，削面长3厘米，背面再削一刀，切口长1厘米，呈马耳形，把削好的接穗插入砧木皮层切口处，插穗的长削面对着砧木的木质部，插好后用塑料带扎紧，再套上塑料罩，用草棚遮阴。

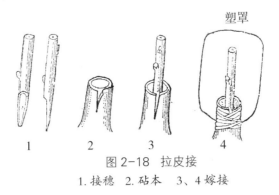

图 2-18　拉皮接
1.接穗　2.砧本　3、4 嫁接

（2）形成层对接：要求把接穗木质部和髓心全部夹在砧木切口中，并把接穗形成层与砧木形成层对准。这类接法输导组织沟通快，愈合完整，结合牢固，嫁接植株生长发育健壮。缝接、切接、腹接、劈接、切腹接都属于这类接法。

①缝接（如图2-19）：分小苗缝接和大苗缝接两种。

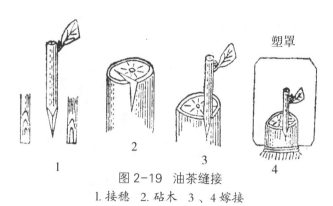

塑罩

图 2-19　油茶缝接

1. 接穗　2. 砧木　3 、4 嫁接

小苗缝接要求砧木 2 年生以上，接穗粗壮，叶芽齐全。嫁接时离根径3 厘米处断砧，用芽接刀在砧木上垂直切一刀，长 2.5 厘米，取接穗，把下端削至髓心，呈楔形，正面长 2 厘米，背面长 1.5 厘米，留一叶两芽，穗长 6～8 厘米。用刀撬开砧木，插入接穗，上留 0.2 厘米，覆盖至顶芽基部。10 年以至百年以上的大树，缝接时，在离根颈 10 厘米处锯断砧木，修平，选砧木阳面，用缝接刀在其边缘垂直切一刀，横向切至木质部 0.5～1 厘米，纵向深度 2.5 厘米。把缝接刀尖垂直插在砧木切口内侧。接穗下端削至髓心，呈楔形，正面长 2 厘米，背面长 1.5 厘米，留一叶两芽，穗长 6～8 厘米，把接穗自上而下插入，对准形成层，接着拔出缝接刀，用塑料套扎紧切口上面，搭草棚遮阴。

②腹接：砧木粗 0.8 厘米以上，接穗穗条健壮，腋芽饱满，嫁接时，在砧木根颈平滑处用刀呈 30° 倾斜切入，深达砧木直径的三分之一，切口长 2 厘米。剪取接穗，留芽 2～3 个，下部削成 10° 舌状切口，长度与砧木切口相称，背面再切一刀，呈楔形。将接穗长削面插入砧木切口，与砧木形成层密接，或一侧密接，再用塑料带绑紧（如图 2-20），然后培土。

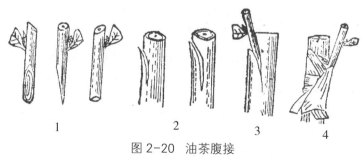

图 2-20　油茶腹接

1. 接穗　2. 砧木　3 、4 嫁接

③劈接：砧木粗 0.8 厘米以上，接穗穗条粗壮，芽叶齐全。嫁接时，在离地面 3 厘米处截断砧木，把砧木中间劈开，深 2.5 厘米。在接穗的第二个芽下部削出 2～2.3 厘米长的楔形削面，有芽的一边稍微厚些，然后将接穗对准砧木形成层插入，用麻绳或塑料条绑紧切口（如图 2-21），壅土至接穗顶。

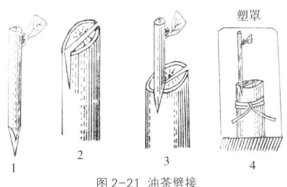

图 2-21 油茶劈接

1. 接穗　2. 砧木　3、4 嫁接

④芽苗接：选大粒种子，沙藏催芽。待胚芽伸长到 3 厘米左右时，即可用于嫁接。接穗穗条应有发育良好的接头，每穗一芽，保留整张叶片，嫁接时，先用刀片在芽梢下方两侧各切一刀，使成薄楔形，楔形削面长度超过 1 厘米。再用刀片在苗砧的子叶柄上方约 2 厘米处平截，在胚茎截面中间切一刀，长约 1.2 厘米，然后把楔形接穗插入砧木切口，将削面有芽的一边与砧木边沿对齐最后用铝箔绑扎（如图 2-22）。嫁接时防止子叶柄断裂。嫁接后，用塑料罩保湿。夏季应当遮阴。

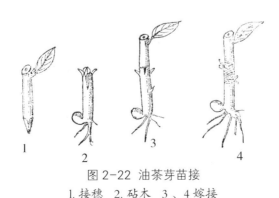

图 2-22 油茶芽苗接

1. 接穗　2. 砧木　3、4 嫁接

6. 嫁接后的管理

嫁接后注意遮阴，接穗不要受阳光直接照射，并要保湿，最适宜的相对湿度为 80% ～ 85%。愈合期适当保留近切口的萌芽，可以促进次生韧皮部提前分化。因此，愈合期不宜抹去萌蘖，待接穗萌动后再抹去。

五、油茶林的营造

在山、水、田、林、路、村综合规划的基础上，依照"当岗松、落窝杉、半山腰里种油茶"的经验，把海拔 800 米以下，适宜种油茶的荒山坡地，建成集中成片的油茶速生丰产林。

（一）林地的规划和整治

把土层深厚肥沃、缓坡向阳、避风暖和、土壤呈酸性或微酸性的山地，选作种植油茶的林地。为了给苗木根系生长发育创造良好的条件，必须加强土壤管理，做到精细整地。整地时间以冬季或早春较为适宜，要求深垦，使心土经过风吹，日晒冰冻，加速风化，改善土壤理化性质，冻死越冬害虫和杂草。整地的方式有条田、全垦、大撩壕、带状整地、台地、鱼鳞坑等形式，但以条田为最好。

1. 条田

是在宜林荒山、荒坡、荒地上沿等高线修成的条状反坡梯地。条田要沿山坡等高线绕山修筑，田面宽度一般要求 1.5 米以上，修成外高内低的反坡形。在条田里边开一条沟，沟底宽 40 厘米，每隔 15 米筑一条小土埂把沟隔断，修成竹节沟。埂坎以石坎为最好，没有条件可修成土坎，但必须清底、夯实，确保埂坎坚固。埂的宽和高要求 15 ～ 20 厘米。为了保田保坎，防止水土流失，必须留有草带（如图 2-23）。带缘种紫穗槐、草木樨、胡枝子，也可种金银花、黄花菜。这不仅有护埂的作用，而且可以生产肥料和经济作物。利用山地的自然排水沟作为总排水沟，排水沟最好修成"之"字形。除利用条田、拦水坝拦蓄一部分雨水外，还可以在适当地点开挖蓄水塘，以便供给灌溉或配药用水。

修筑条田时，先在坡的侧面，选中等坡度的地方，从上到下选基线，在基线上按造林的行距定基点，然后用手准仪从每个基点引环山水平线，沿水平线挖带。如果地形复杂，可用插带的方法，使各行都成水平。动工修筑时，要从山的上部一条一条地往下部修，以免土方压住上面修好的条田。

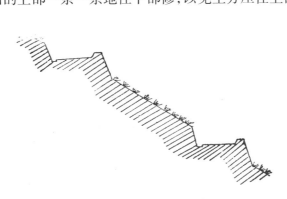

图 2-23　梯地横断面示意图

在有些地方，可先全面挖山，然后修筑水平带。采用这种方法整地，柴草根清理得比较彻底，土壤熟化快，但花工夫多，条带边缘也不牢固，经水浸湿后容易塌方。因此，全面挖山时，要把土挖成大块，以便利用草皮石块叠砌条带边缘。

2.全面整地

在 10° 以下的缓坡，先把柴草割倒，平铺在地上（地中间厚些，周围薄些），开好防火线，待柴草干后，选无风的阴天，在傍晚或早晨，从上坡点火"炼山"。然后，翻耕土壤，以提高土地肥力。全面整地容易引起水土流失，所以要根据流水的方向，设置排水系统，搞好水土保持。

3.大撩壕

在坡度 20° ~ 30° 的山坡，按造林行距，沿等高线挖壕沟，沟深 30 ~ 60 厘米，宽 50 ~ 70 厘米，把沟中的心土放在沟的下坡，将沟面和上坡表土翻挖，打碎，填入沟内，即可定植油茶。各地经验表明，大撩壕栽油茶，成活率都在 90% 以上。

4.带状整地

按坡度的陡缓和造林行距的大小开成 2 ~ 6 米宽的垦带，垦带之间相距 1 米不垦，深翻垦带表土层，将挖出的草根、树桩等堆放在不垦的带上。

5. 台田

就是沿山坡等高线修筑的不连续的台阶梯田。台田等高分布，呈三角形排列，田面呈反坡形。台田一般要求修成半圆形，直径 5 米，要求松土 70 厘米，坎上筑埂，埂高 15 厘米，埂宽 20 厘米，新修台田一律要求用石块垒坎，生土筑坎必须夯实，并用表层肥土填心。

6. 鱼鳞坑

在山势陡峭、劳力缺乏的地方，不可能修条田、台田，在这些地方可以挖外高内低的窝形鱼鳞坑，坑穴 1 米见方，深 30 厘米，油茶按株距 2.5 米，行距 3 米排列。

一般在造林前三四个月整地，并将栽植穴挖好，穴大长宽各 80 厘米，深 20 ～ 30 厘米。挖坑时将草皮、泥土挖出，把表土与心土各放在一边，栽树时将表土或草皮翻入穴底。如果在穴中压些青草或施些有机肥、过磷酸钙，对幼树生长更为有利。

（二）造林

1. 苗木的准备

（1）催芽断根尖快速育苗法：油茶根系为轴状根型根深性根系，侧根少，接触的土壤面积小，水平分布的细根不密集。由于主根长，侧根少，根毛少，移栽苗易受不良条件影响，成活率不高。1975 年我们研究成功了"油茶沙藏催芽去根尖快速育苗法"。催芽的办法是：在 3 月初，取粗沙加水，水的含量为 20%。种子和湿沙比为 1 ：2，种子分层埋藏。要经常翻动种子，适量加水，保持含水量稳定，使之通风透气。早春气温低时室内要加温，把室温保持在 15℃左右。催芽去根尖的油茶根为须状根，根系发达，生长快，移栽成活率高。

（2）油茶苗切根造林：湖南省临湘县林业局采用油茶切根造林的方法，提高了油茶移栽成活率。油茶苗木的根系一年有两个生长高峰，春季当土温达到 17℃以上，水分含量为 30% 左右时，出现第一个高峰；秋季土温达到 27℃，含水量在 17% 左右时，出现第二个高峰。切根的适宜时间是在两个高峰之间（6 月中旬）。方法是：用锋利的铁铲，在与地面呈 45° ～ 60° 处深切一铲，在离地表 10 厘米处将苗木主根切断。切根后，油茶地下鲜重、侧根条数、细根数增加，移栽后易于成活。

　　苗圃中的油茶苗，1 年生的起苗、运输和栽植都方便，但抗旱能力较差，造林后恢复生长较慢。2～3 年生的苗子起苗、运输花工夫多些，但苗木侧根、须根多，抗旱能力强，栽后易于成活，恢复生长快，容易成林。

　　（3）容器育苗：容器苗造林是把种子播在装好营养土的容器里，或把小苗移植到容器里，经过一段时间培育，得到符合造林要求的苗子。常用的容器有牛皮纸杯，泥杯、竹蔑杯以及塑料纸杯等多种。容器苗造林，苗子没有移动，根系完整，营养杯内土壤疏松，养料丰富，造林成活率较高，生长快，开花结果早。营养钵用土一般选用疏松肥沃的壤土，适当混些腐熟的堆肥和化肥。壤土要选新垦山地的表土，不要用种过作物的熟土，以免感染虫害。配合的比例是：50 千克壤土，15 千克筛过的堆肥，0.25 千克过磷酸钙，0.1 千克硫酸铵。充分拌匀后装入钵内，稍压实，压平营养钵面，以免积水。容器苗四季都可以造林。造林前要浇透水。栽种时，先扒栽植穴，放入容器，使容器口与穴面平齐，然后用碎土填好空隙，栽正打实。栽时要注意，不要弄破泥杯，以免影响成活。

　　2.造林季节

　　油茶苗适时移栽很重要。1976 年我们对油茶幼苗进行了移栽时期的试验，试验表明，在陕西省南郑区，2～3 月"冷尾暖头"时移栽油茶，成活率较高。下半年，秋末冬初雨水较多，10～11 月移栽收效较好。其他月份，除 6、7、8 三个月伏旱酷暑时间外，都可移栽油茶，但成苗率不及 2、3、10、11 月移栽的高。油茶起苗后，苗木根系和土壤脱离，断了水分的来源，而叶子仍在蒸腾水分，如果苗木受风吹日晒，损失水分过多，就会死亡。因此，造林时要坚持随起、随运、随栽的原则，远途运输必须用湿稻草包根，不要晾苗、晒苗，不要栽隔夜苗，尽量不要假植。

　　3.造林的方法

　　（1）直播造林：直播造林可以减少育苗的劳力和生产成本，解决造林地远，不便运输苗木的困难，而且不受苗木数量的限制，在短期内就能完成大面积的造林任务。缺点是用种子较多，种子容易受鼠、兽为害，同时幼苗抗旱能力较差，小苗出土后，在高温干旱季节容易被灼伤或晒死，到了秋季，死苗根部重新萌发出新梢，使油茶树变成无主干的丛生树体。油茶开花结果时间延迟。

直播又分为春播和秋播。秋播的种子发根早，发芽快，苗木壮。秋播宜在 11～12 月采种后随即播种。播后的种子一般在来年"清明"前后长根，"立夏"前后发芽出土，因为这时气候温和，雨水充足，有利幼苗生长。春播宜在 2 月中旬到 3 月中旬，以早播为好。幼苗一般在"夏至"前后出土。

播前在整好的林地种植穴内垫一把草木灰，或施些过磷酸钙、碳酸氢铵或有机肥料，上面加些细土，把穴底整平，然后在穴内播 3～4 粒种子，呈三角形或正方形排列，种子与种子间相隔 6～10 厘米，播后覆肥土，冬季覆土稍厚，约 5～6 厘米，以防冻害；春播覆土约 3 厘米左右。表面盖些草，以保持土壤湿润，利于种子发芽出土。

（2）移栽造林：移栽就是将苗圃培育出来的实生苗、扦插苗、营养钵苗和嫁接苗定植到油茶园。如果油茶苗木在苗圃里管护得较好，生长健壮，根系发达，抗旱能力强，栽植后根就扎得快，容易成活，恢复生长快，成林早，受益也早。

栽植时，先在穴底放些肥料，再填一些表土，踩实，然后把苗子放在穴中，填细碎表土，土培到苗木根颈部时，将苗木往上轻提一下，使根系舒展，以后继续填土踩实。最后覆一层松土，盖些杂草，减少水分蒸发。如在山坡上栽植，栽植穴应比土面略低一些，可以蓄水保土，提高抗旱能力。

移栽 10 多年生的油茶时，应注意深起苗，多留细根；挖大穴，施基肥；栽时栽正，打紧。移栽前要剪掉四分之三的枝叶，保留 5～7 根嫩枝，保护好主茎顶梢、顶芽，一般每个分枝带 7～10 片叶。成活后及时修枝整形，保持丰产树型。

4. 合理密植

油茶树要合理密植，只有密度适中，分布均匀，光照充足，才能形成宽大的树冠，充分进行光合作用，产量才会提高。油茶纯林株行距以 2.5 米 ×2.5 米，2.5 米 ×3 米，3 米 ×3 米较为合理。在地势平坦，土壤肥沃，水分充足，向阳或耕地面积少需要长期间种作物的地区，可以适当地稀些，每亩 40 株左右，最多不超过 60 株。

在陡坡、山顶、土质瘠薄、背阴，特别是缺柴、缺油的地方，应适当密植，株形距一般为 1.5 米 ×2 米，每亩 200 株左右。油茶林到中年时。密度显得过大,这时可以间伐,每亩保留 80～100 株。一穴一株栽植的油茶树冠端正,发育良好,通风透光,枝叶茂盛,生长健壮,病虫害少,结果多,产量高,寿命长。

(三)幼林抚育管理

俗语说,造林是"三分造,七分管";又说:"抚育管理勤,结果满树林"。油茶林从种植到开花结实,这段时间称为幼林阶段,幼林期一般需要 5～6 年。加强对幼林的管理,可以使油茶速生丰产。

1. 抚育

造林后要封山育林,严禁上山砍柴、积肥和放牧。造林时要培育一部分苗木,结合抚育用壮苗。补植缺株,挖去病株、弱株,实现全苗、壮苗。

新建的油茶园,最好每年松土除草两次,直到成林。第一次在 5～6 月进行,这时气温高、湿度大,杂草幼嫩,易于腐烂,松土除草后,蓄水增肥,为油茶旺盛生长创造条件。在 8 月下旬到 9 月中旬进行第二次锄草,可以减少杂草与幼树争水争肥。松土除草时,切忌损伤幼树树根、树皮和枝叶。

油茶苗在最初的两三年内最怕伏旱,初出土的茶苗,往往前期生长良好,而炎夏温度过高,大气干旱,水分蒸发量大,不利于苗木生长,以至干旱枯死。防伏旱的主要办法是遮阴,遮阴时间一般从 5 月下旬开始,到 9 月初为止。

结合抚育油茶,每年清理一两次竹节沟和拦水坑。清理出来的淤积物要施在油茶根下。

2. 间种

油茶林可套种粮食、油料、蔬菜、苗木、药材。油茶林间作套种有三大好处:

(1)间种可以改良土壤,增加土壤肥力,减少杂草、灌木,改善林地气候环境,提高林内空气湿度,降低温度,创造油茶幼林所需要的生长条件,提高造林成活率,促进幼林生长。

(2)间种粮油蔬菜等作物,深挖施肥,既培育茶苗,又降低了生产成本。

(3)通过深挖浅锄,清洁林地,可以减少病虫害,保证油茶苗茁壮成长。

油茶幼苗林内间种的作物，要合理选择。藤蔓作物易攀缠幼树，影响幼树生长；高秆作物易遮住阳光，使油茶生长纤弱；小麦、芝麻吸肥力很强，消耗地力过大，对幼树生长不利；块根作物吸肥多，同时深挖次数增多，往往伤害油茶根系。间种的目的在于促进幼林生长发育，不能过分追求间种作物的产量。一般的间种作物，春季有荞麦、马铃薯、夏季有黄豆、花生；冬季有油菜、绿肥、豌豆、蚕豆。间种作物，一般应距离幼树50～60厘米，随着幼树长大，距离还应远些。

3. 修枝整形

为了形成合理的结构和丰产树冠，对幼树必须分期分批修枝整形。油茶树形种类可分为有领导干形（主干形、分层形）和无领导干形（开心形）两大类（图2-24）。

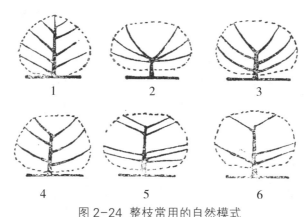

图 2-24 整枝常用的自然模式

1. 主干形　2. 自然开心形　3. 延迟开心形　4. 边侧主干形
5. 分层形　6. 疏散分层形

整形枝的方法是：在油茶苗栽植以后，短截主干，枝下高度控制在30～60厘米。保留主干上健壮的枝条4～5根，这些主枝在主干上最好上下保持10～15厘米的间隔，各朝一个方向发展，相互之间不要交叉或重叠。各主枝顶端向前伸长，树冠逐渐扩展。如果主枝之间距离太大，要留强壮分枝作为副主枝，以便充分利用空间，扩大结果面积。这样形成的树形为自然圆头形。整枝后，把萌发的无用的芽及时抹掉，减少不必要的养分消耗。

4. 施肥

因为栽油茶的地方多在山坡上，一般来说，肥力低，酸度大，黏性重，贫瘠易旱，如果不及时施肥，油茶幼苗枝叶必然会枯黄。油茶幼林施肥，应以有机肥料为主，肥料可就地取材，就地积造，最好是间种绿肥，翻埋压青。也可施一些农家肥和化肥。肥料要开沟挖穴，适当深施，减少肥料流失。2月施氮，5月施钾，7月施磷效果显著。林地经过施肥以后土质变肥、变松、涵蓄水分性强，根系能吸收更多的水分和肥分，可以促进幼林茂盛生长，提早开花结实，达到速生丰产。

（四）油茶林的改造

老残林和低产林的改造，可分为以下三个方面：

1. 改造疏林、密林

油茶林过密或过稀都不能丰产。稀了，不能充分利用地力和光能，增产潜力没有充分发挥；密了，通风透光不良，病虫害增多，挂果不多。因此，应根据实际情况确定疏密度。一般肥地宜稀，瘠薄地宜密；低丘陵、平坡、阳坡，间种地块和霜降品种类型宜稀；山区、陡坡、阴坡，不间种地块，寒露品种类型和小果油茶宜密。一般每亩均匀保持 60 ～ 80 株，最多不超过 100 株。对于林间较大的空地，应补植优良品种和健壮苗木，密的或一穴多株的要留优去劣，适当疏除，保留单株。改造以后，对林地要加强管理，提高土壤肥力和保水蓄水能力，保证油茶植株生长良好。

2. 改造老残林、低劣林

（1）萌芽更新：凡品种类型较好的油茶林，株行距较均匀，可采用分批或一次萌芽更新。在冬季，把油茶树连同杂灌木一起砍掉，砍后全垦深挖，增施肥料。春季每株留 1 ～ 2 根粗壮的枝条，其余萌蘖全部除掉。每亩保留油茶 60 ～ 80 株，缺株要补植。次年冬季，深挖切断老根，促进萌发新的吸收根。萌芽更新方法简单，省工易行，恢复生长快，更新后 2 ～ 3 年普遍开花结果，产量大幅度上升。

（2）高接换冠：一般多采用枝腹接的方法。油茶树一般保留 3 ～ 6 个主干，截断离地面 1.4 米以上的枝条，剪口或锯口要平滑。接穗选优良单株生长健壮的木质化枝条，长 8 ～ 12 厘米，带 2 ～ 4 个饱满的腋芽，接芽带三分之一叶片，在最下一节芽的背面，用快刀削成长6厘米的斜削面，再在斜削面的背面削一刀，削成斜形，约0.5～1厘米，把削好的接穗浸入清水，备用。在修好的砧木上，把主干光滑处擦净，从上至下靠近木质部削一刀，然后将接穗从清水中取出，甩去清水，插入砧木，对准一边形成层，用塑料带绑紧，一个主干接1～2个接穗。嫁接成活后，生长良好。树冠恢复很快，可以早实丰产。

（3）预栽更新：凡品种类型很差，树势已经衰老，生产能力很低的油茶林，都应进行重新造林。为了当前的经济利益，一般先栽后砍，即待新油茶林生产后，再分期分批地把老树砍掉，便成为一片新油茶林。

3. 改造混交林

长期荒芜的油茶林被混生松，杉等树遮挡，通风透光不良，病虫害增多，根系生长受到阻碍，对混交林应加以改造。

如在油茶林内混生的松杉不多，且树龄不大，可以把松、杉树全部砍掉；已成材的伐掉，垦复后补栽油茶，把混交林改造成油茶纯林。如油茶林混生的杂木较多，树龄较大，可对杂木进行强度修剪，缩小树冠，减少荫蔽；同时，逐步间伐杂木，补植油茶。如混生杂树占绝对优势，油茶树比较少，可封山育林，培育用材林。对于零星的油茶树，如房前屋后树，护埂树，行道树等，可加强单株管理，使树形向乔木发展，培养成单株高产优良树。

六、油茶丰产栽培技术

处于半野生荒芜状态的油茶林，产量低而不稳；稍加管理，产量就会成数倍、数十倍地增加。油茶管理主要应抓垦复、间种、修剪、施肥以及授粉昆虫的利用等项。

（一）垦复

垦复是油茶增产的基本措施，是综合丰产技术的基础。其作用是：清除杂草、灌木，改良土壤，增强抗旱能力，改善林地环境，减少病虫危害，促进油茶生长发育，提高油茶油的产量。垦复分为冬季挖山和夏季铲山。冬季要求深挖23～28厘米，深挖垦复可以清除林内杂灌木、杂草、减少水分、养分的消耗。荒山垦复，冬季要使土壤"翻大块，底朝天"，促使土壤分化和有机质分解，疏松土壤，蓄积更多的水分、养分，为第二年油茶生长发育奠定基础。垦复的土壤，有机质和有效氮、磷、钾的含量比未垦复的高一倍。冬季挖山，可使林内通风透光，清洁林地，还能消灭土壤中害虫的蛹。冬季油茶处于假休眠期，冬季损伤的根系，春季很快恢复。如果年年深挖，势必会影响油茶生长，所以三年一深挖，一年一中耕较好。夏季浅锄 5 ～ 8 厘米，可以及时消灭杂草，切断土壤毛细管，增加土壤的透气性和蓄水能力，垦复的深度可概括为：树冠内浅，树冠外深；幼树浅，大树、老树深；熟山浅，荒山深；陡坡浅，平坡深。

垦复的方法有全垦、带垦、穴垦、阶梯式垦、壕沟施肥抚育等多种。陕南油茶林的立地条件多是高山、陡坡，土层薄，一般的垦复措施容易引起水土流失。试验证明，油茶林阶梯式垦复简便易行，增产效果显著。阶梯式垦复是在全面深挖垦复，砍除灌木和杂草的基础上，修成外高内低，外筑埂，内开沟的等高梯地。梯地的宽度随坡度而定，15° 左右的坡地可修成 3 ～ 4 米宽，超过 15° 的修成 1 ～ 2 米宽。梯面可间种马铃薯、黄豆、苕子、蔬菜，梯边可种黄花菜、茶叶。有些油茶树行距不正，在梯面延伸的过程中，只能留在梯地边上。梯地两头要挖排水沟和蓄水沉沙池，防止暴雨冲坏梯面。此外，要合理布置林道，以便经营管理。

垦复后，油茶生长发育变化明显：叶绿，枝壮，春梢长，花芽多。垦复的油茶春梢长 24.2 厘米，比未垦复的油茶长一倍。垦复比未垦复的油茶，新叶数增加 21% ～ 50%，新梢数增加 19% ～ 44%，花芽数增加 8% ～ 42%。

陡坡、水库、铁路沿线不适宜垦复的地方，可以修山，只砍除林内灌木、杂草，不挖山。

（二）间种

1. 油茶间作套种的好处

（1）充分利用了林间空地，做到了一地多用，一年多熟，大大提高了土地利用率，增加了经济效益。油茶种后三年开花，四年开始结果，五年才有收益。林地间作，当年就有收益。

（2）中耕可以切断土壤毛细管，减少水分蒸发。在油茶出土后一两年内，初发的新叶比较幼嫩，保护层薄，蒸发作用强，容易遭受伏旱，幼苗易被盛夏的烈日晒死。间作黄豆、绿豆等作物可以遮阴，保护幼苗。

（3）间作起到了以耕代抚的作用，既管庄稼又管树，可以节省人力。增加收入。间作可以改良土壤结构，有利于土壤微生物活动和有机质分解，增强土壤保水、保肥的能力，促使油茶速生丰产。尤其是间作豆科绿肥，更能大大提高林地肥力。在生长正常的情况下，一亩豆科绿肥的根瘤菌，一年固定下来的氮素相当于 30 ～ 35 千克硫酸铵。一亩紫穗槐年产 1 000 ～ 1 500 千克青枝叶，相当于 65 ～ 99 千克硫酸铵，15 ～ 25 千克过磷酸钙，39 ～ 59.2 千克硫酸钾。

（4）林地间作，中耕锄草，可以改善林地卫生，减少病虫害。

2. 间作主要的问题

新发展的油茶林，最好修成"三保"（保土、保肥、保水）梯地。如果不是梯地，间作套种主要应在平缓的坡地上进行，要先近后远，集中成片，便于经营管理。

选好间种作物。一般选不与油茶争水、争肥，植株矮小，根系浅，生长期短，与油茶没有共同病虫害的作物，如黄豆、绿豆、花生、油菜等绿肥作物，以及生姜、药材等。缺粮地区可以间种红薯、马铃薯、荞麦、栗，不宜种高粱、玉米等高秆作物和吸水、吸肥较强的作物（棉花、芝麻、小麦、大麦、烟叶）以及攀援性作物。

建立合理的轮作制度。油茶林内每年种植同一作物，采取同一种耕地方法，对油茶和作物生长都不利，会造成土壤结构的破坏，导致病虫滋生。应实行科学的轮作倒茬制度，如种红薯、马铃薯、栗，前作可选吸肥少，又能提高土壤肥力的作物，如花生、黄豆、绿豆、绿肥等。

间种的作物要距油茶植株一定距离（一般为 65 厘米），防止作物与油茶争水，争肥、争阳光。种植的作物应施底肥和追肥，防止油茶和作物脱肥。

（三）修剪

1. 修剪的作用

修剪可以控制枝叶生长，增强树势，使树体结构合理，以改善光照条件，充分利用空间，促使树冠上下内外开花结果。修剪后油茶树减少了养分、水分的消耗，使结果枝条积累较多的养料，增强了花器和幼果的抗冻能力。经过修剪的油茶树，新叶增加 26% ～ 33%，新梢增加 18% ～ 24%，花芽增加 40% ～ 74%，产量增加 50% 以上。

2. 修剪季节

从收摘茶果后到春梢萌发前这段时间较好。这时树液流动缓慢，不致引起伤流，剪口容易愈合。不宜在晚春和夏季修剪。如需修剪，重点剪去徒长枝、寄生枝、脚枝、枯枝和萌蘖枝，使体内通风透光，促进油茶正常生长。秋季茶果油脂形成，花蕾含苞待放，不宜进行修剪。

3. 修剪

先修下部，后剪中、上部；先剪冠内，后剪冠外。做到修剪均匀，上下不过分重叠，左右不拥挤。修剪时留桩不能过高。切口要求平滑，稍倾斜，用接蜡或黄泥、石灰深封。对于徒长枝的修剪，要看树龄和生长状况，树冠已经形成的壮龄油茶，徒长枝应从基部剪去。对于交叉重叠枝，要剪去向冠内生长的，保留向外扩展的；剪去生长不良的，保留生长健壮的；剪去下面的，保留上面的。对于丛生枝，应进行疏剪，保留 1 ～ 2 根健壮的枝条进行培育。

（四）施肥

1. 油茶施肥的重要性

每产 50 千克茶果需从土壤中吸取氮素 0.55 千克，磷 0.42 千克，钾 1.71 千克。按此计算，生产 50 千克茶油，就要消耗硫酸铵 47.2 千克，过磷酸钙 48.3 千克，硝酸钾 209.1 千克。一般油茶林土壤不肥，氮、磷、钾含量不多，特别是速效磷更加缺乏，必须施肥。施肥时应注意氮、磷、钾三要素配合使用。氮素是构成活细胞蛋白质、核酸和磷脂的主要元素，又是叶绿素的组成元素之一，氮素充足，油茶生长茂盛。磷是细胞中核酸、核苷酸的重要组成成分，磷对细胞的分裂和增殖有重要作用，它能促进种子发芽和根系生长，使茶果提早成熟，果实饱满。钾能增加细胞液的渗透压，提高油茶的抗旱性。钾肥充足，植物体内木质素和纤维素含量就高，植株坚韧，抗病虫能力强。微量元素对油茶生长发育有一定的作用。锰能促进油茶对硝态氮的吸收。硼对油茶营养器官（根、茎、叶）和生殖器官（花芽、花粉）的发育有影响，能加强油茶的氧化、还原过程，也能改善根部的氧气供应。锌和铜是油茶体内酶的组成成分，能参与许多新陈代谢过程。据试验，在油茶林中适当施用腐殖酸铵、草木灰、钙镁磷肥、碳酸铵、草皮泥等肥料，可增产茶果 30%～54%，增加花芽 35%～300%。

2. 施肥方法

油茶施肥的方法有沟施和穴施。在树冠投影边缘挖圆形或长方形沟，沟的宽和深均为 30～40 厘米。肥料施入后，用土盖好。油茶施肥应以有机肥料为主，辅之化学肥料。有机肥料富含氮、磷、钾和各种微量元素。有机肥料包括人畜粪尿、绿肥、油饼、厩肥、垃圾、堆肥、杂草以及各种植物茎秆。施用有机肥料不但肥效持久，而且能改良土壤结构。南郑区两河油茶场，施肥时按油渣 40%、磷肥 40%、碳酸铵 20% 的比例施用，增产效果显著。

3. 施肥季节

油茶施肥一年四季都可以进行，但以结合冬季挖山，夏季中耕为好。对集约经营的丰产山、试验山、种子园、采穗圃应依据油茶的生物学特性。按生长发育的需要供给肥料。春季多施氮肥，适当施磷肥，秋季多施磷钾肥，以壮果，长油、促进花芽分化；冬季多施磷、钾肥，以固果、防寒。春、夏期间，根外喷洒 2% 过磷酸钙浸出液（还可加 1% 的硫酸铵），有促进花芽分化和减少落花落果的作用。在夏秋之间进行根外追肥，溶液应该喷在叶片背面。必要时在溶液中加入湿润剂，帮助肥料黏附在叶片上，提高吸收效果。大年多施氮、磷肥，以促进保果、长油和抽梢；小年多施磷、钾肥，用以固果和促进花芽分化。

（五）油茶成林分类管理

当前油茶成林，不同程度地存在着老、残、荒、劣、杂、乱、病虫害多等现象。要对现有成林实行综合规划、分类经营。

一类林立地条件好；目前每亩平均产茶油 10 千克以上，林龄 50～60 年以下，密度结构适当，每亩 60～120 株，郁闭度 0.7 以上。50% 以上为优良的品种或类型。在劳力充足的地区可实行集约经营，要求在 5 年左右的时间内，达到平均亩产茶油 25～30 千克，最高超过 50 千克。

二类林立地条件中等；目前每亩平均产茶油 5 ～ 10 千克，树龄 50 年上下，密度过密、过疏或疏密不匀，每亩不足 60 株，或超过 160 株，郁闭度 0.6 以上。品种（类型）优良的植株不到 50%。在劳力充足的地区，实行中上水平的管理措施，要求在 5 年左右的时间内，平均亩产茶油达到 15 ～ 20 千克，最高的年份，平均亩产茶油 25 千克以上。

三类林立地条件差；目前亩产茶油在 5 千克以下，林龄在 50 年以上，或异龄林，密度过于稀疏，每亩不足 40 株，郁闭度 0.5 以下。品种、类型优良的植株不到 40%。立地条件不好，林相组成较差，距离村庄较远的油茶林可作为水源涵养林，只进行"小秋收"。

（六）授粉昆虫的利用

油茶是异花虫媒授粉植物，自花和风媒授粉坐果率低，仅有 4%。充分利用和保护有益昆虫，提高油茶授粉受精效率，是促进油茶增产的重要措施。据调查，多蜂的茶林比少蜂的茶林坐果率高 7% ～ 20%，产量高 29% ～ 113%。

油茶林中授粉昆虫有蝇、蚁、虻、娥、蝶、蚜、蜂等四十多种，其中授粉效果最好的是土生野蜜蜂，在野蜜蜂中，以大分舌蜂、油茶地蜂、纹地蜂、湖南地蜂为好。有些蜂种，如人工喂养的意大利蜂和中国蜜蜂，虽有传粉作用，但由于油茶花蜜浓度大，皂素多，蜂群采蜜后易发生肚胀、腹泻，雄蜂增加，削弱蜂群，所以一般不在油茶林放养。

为了充分利用土蜂，首先要保护土蜂，在 10 ～ 11 月下旬，土蜂羽化出土，不要在林内熏烟烧火，喷洒农药。同时，通过垦复（蜂巢在深 60 厘米以下土中，垦复没有影响）、挖竹节沟、筑梯田，埂上挖马蹄坑，招引土蜂筑巢。在无蜂区，在梯埂壁上或土壤疏松的树冠下挖坑、洞，在其壁上打 1 ～ 1.5 厘米宽，30 ～ 40 厘米深的引蜂孔，然后引放在交尾的雌蜂，每孔一只。每 50 亩集中引放 30 ～ 50 孔，3 ～ 4 年后就能满足油茶授粉的需要。

七、油茶果的采摘贮藏

（一）适时采收

采收茶果有很强的季节性，采收过早，种子没有充分成熟，含油量少；

采收过迟，油茶果开裂，种子落地，费工费时，影响产量。油茶果成熟时，色泽变亮，红皮果变为红黄色，青皮果变为青中带白，果皮上茸毛脱尽，基部毛硬而粗，色深，茶果微裂，容易剥开，子黑褐色发亮，种仁白中带黄，油亮发光。在采收时期，要合理安排劳力。

油茶果成熟期，易受气候、雨量、林地环境、土壤肥力等条件的影响。气候暖和，成熟早；气候寒冷，成熟迟。9月中、下旬雨量少，茶果成熟早；雨量多，成熟迟。茶果成熟季节，阴雨连绵，茶果含水量增大，雨住天晴后，太阳暴晒，果实会干缩开裂。因此，果实成熟时要迅速采收。氮肥施用过多，茶果贪青晚熟，增施磷、钾肥能促进茶果成熟。

从林地条件来说，一般是高山比低山成熟早，阳坡比阴坡成熟早，荒山比熟山成熟早，瘦地比肥地成熟早，老树比幼树成熟早，因此，在一般天气条件下，先熟先采，后熟后采。采摘顺序应是先高山，后低山；先阳坡，后阴坡；先荒山，后熟山；先瘦地，后肥地；先老树，后幼树。

采摘茶果时，正是油茶花含苞待放时期，要特别细心，以免折枝撞落花蕾，影响第二年产量。

（二）油茶种子的贮藏和运输

油茶种子休眠期不明显。已成熟的种子，如果水分充足，温度适宜，当年冬季就可以发芽。作种子用的油茶果采回来以后，带壳薄薄摊放（厚度不超过34厘米），在室内阴凉干燥，不必翻动，不可曝晒、任其阴干。果皮干裂时也不要取出种子，一直摊放到春天播种时。阴干的种子发芽率为70%；在烈日下曝晒5天的，发芽率为60%；曝晒10天的，发芽率只有54%；曝晒15天的，发芽率只有30%，油茶种子不能堆放在院子里淋雨。

采回的茶果，在种皮开裂后也可取出种子摊放在楼板上，厚度不超过13厘米。如需贮藏到春天播种，应以一份茶籽，二份干沙；或二份茶籽，一份谷壳混合贮藏，放在阴凉通风的地方。

茶籽如需长途运输，要用通气较好的麻袋、箩筐带壳装运。采回的茶果先晾一下，然后装袋，要快装、快运，运输途中要经常检查。运达目的地后，要及时开包，为保持种子有较高的发芽率，要把茶籽放在阴凉通风的地方，不能曝晒，不能堆放。

（三）油茶子和茶油贮藏

茶果有后熟期，采回后堆放 6～7 天再摊晒，可以提高出油率。据常山油茶科学研究院试验，采收后马上剥开的茶子，种仁含油率为 45.65%，堆放后种仁含油率上升到 48.72%，而淀粉、还原糖、蛋白质和总糖的含量降低。如果茶果多，晒场少，遇上连续阴雨来不及翻晒时，可选地势比较高的空坪，把茶果堆集起来，大棚遮雨，防止雨水淋渍，发芽霉烂。在油茶集中产区，为防止茶籽霉烂变质，应修建烘房、烘坑，及时把茶子烘干。

茶籽堆放后，在晒坪上脱去果壳，日晒。种仁含油率随日晒天数渐次增高，粗蛋白略有增加，淀粉含量下降，可溶糖含量减少。油茶种子日晒 6 天后，含水量基本稳定，含水率约为 9.9%，已达到种子贮藏标准。这时，用手抓起茶子摇晃，发出清脆的响声，即可放在干燥通气的敞棚中准备榨油。

茶果和茶子如果贮藏不当，就会发生霉烂变质。用坏茶籽榨出的油有苦涩味。变质的茶油，吃了有碍人体健康，易引起疾病。因此。霉烂生芽的茶子榨的油，只能作为工业用油，不宜作食用油。

茶油比其他植物油较耐贮藏，但贮藏过久或贮存不当，依然会变质，失去食用价值。采用适当的方法可以延长贮存时间。贮藏时，茶油要装进密闭容器，放在阴凉低温处，避免阳光照射，不要与空气接触。把氮气灌进茶油中，或加入维生素 E，搅匀。暂时不食用的茶油，可加入一些丁香、花椒、桂皮、八角等香料，能延长贮存时间，防止茶油变质。

八、油茶主要病虫害

陕南主要的病虫害有油茶炭疽病、油茶软腐病、苗木菌核性根腐病。主要的虫害有油茶毒蛾、油茶尺蠖、茶梢蛾。寄生植物油苔藓、地衣、桑寄生、槲寄生等。

（一）主要病害

1. 油茶炭疽病

油茶炭疽病是我国油茶产区的主要病害。在陕南为害也较普遍，在

9～10月份往往引起油茶大量落果。炭疽病属于真菌性病害，由半知菌类的毛盘孢菌侵染，引起落蕾、落果、落叶，导致枝、干枯死，对油茶树的生长和产量影响很大。炭疽病一般在4～5月开始发病，7～8月病害蔓延发展很快，9月出现较大的落果高潮，一直持续到10月以后才趋向稳定。

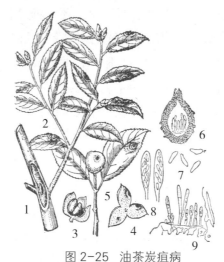

图 2-25　油茶炭疽病

1—5 后期病状　6—8 病原菌的子囊和子囊盘孢子

9. 病原菌的分生孢子盘

症状：果上病斑多呈圆形，病斑黑褐色，偶有紫红色边缘，有时具有轮纹（如图 2-25），大小、深浅不一。后期出现黑色点状分生孢子盘，产生粉红色分生孢子堆。感病果实大多脱落、开裂。病斑多在叶尖或叶边缘发生。初现红色小点，扩大后呈棕色圆形或不规则的病斑。老病斑下陷后，中心灰白色，其上密布褐色小点，边缘有紫红色晕环。病叶历时 10～14 天脱落。梢上的病，发生在新梢基部，初现红色小点，扩大后呈椭圆形或棱形、舌状形，略下陷，边缘淡红色。后期呈黑褐色，中部微带灰色。树皮易翘裂剥落。当病斑环绕一圈时，油茶新梢即枯死。老枝病斑呈梭形溃疡，内部不规则凹陷。大枝干的病斑多发生在枝干交叉处或机械损伤处，成溃疡状，斑点下陷，木质部变黑，病斑纵向扩展大于横向。在芽上，病斑多发生在芽鳞片基部，呈黑褐色或黄褐色，后期呈灰白色，上有黑点，孢子堆常在鳞片内侧。防治方法：

（1）选用攸县油茶，小果油茶，普通油茶寒露品种，霜降品种中的红皮球形、鸡心形。湖南茶陵县林业科学研究所选出的抗炭疽病优株 175，现正在扩大繁殖。

（2）在 12 月至次年 2 月修剪病害部位，砍除重病株，摘除病果、病叶。冬季垦复，把病叶、病果、病枝埋入土中，抑制孢子萌发，减轻炭疽病为害。

（3）油茶金花虫等害虫在林内活动，把炭疽病菌传播到其他树上，使病害蔓延扩展，因此，要及时消灭这些害虫。

（4）施肥不当，氮肥过多，加速发病，磷、钾肥多则发病轻。林地间作套种，可多施磷、钾肥，使油茶树生长健壮，能增强抗炭疽病的能力。

（5）播种前，用 0.2% 401 抗菌剂浸种 24 小时，进行消毒。发病前及时喷射 1% 波尔多液，在该药液中加 0.5% 赛力散和 1% 茶饼水后效果较好。

2. 油茶软腐病

又叫油茶落叶病。发病时油茶大量落叶、落果，严重时病株叶子和果实落光，有时初发嫩梢也凋萎枯死。苗木软腐病感染很严重，造林成活率低。发病严重的苗木，叶片落光，整株枯死。

症状：病害多在叶缘或叶尖处（如图 2-26），侵染点最初出现水渍状黄色小圆斑，在适宜条件下，病斑迅速扩大，呈棕黄色或黄褐色，圆形，半圆形或不规则形。同一张叶片上，有侵染点一个或者多个，最多有 20 个以上，随着各个病斑的扩大，相互联合成不规则的大病斑，叶片感染后 5～7 天，在适宜的环境条件下，病部陆续产生许多白色、淡黄色乃至深灰色，形似"蘑菇"样的小颗粒——"蘑菇"菌体。气候湿润时，病斑迅速扩大，水渍状，边缘不明显，呈"软腐型"。气候干燥时，病斑不再扩大，中心淡褐色，周围有黑色细线圈，边缘明显，呈"叶斑型"。未木质化的嫩梢被浸染后，呈淡黄褐色，很快凋萎枯死，枯死的嫩梢留在树上，在适宜的条件下，产生大量"蘑菇"菌体。感病果实最初出现水渍状淡黄色小斑点，与

图 2-26　油茶软腐病
1. 初期病叶　2. 后期病叶
3. 放大的老叶病部　4. 后期病果

炭疽病的初期症状很相似，但软腐病斑色泽较浅，在病斑中心处有一稍隆起的蘑菇状小点。此后，病斑迅速扩大，呈土黄色至黄褐色，圆形或不规则形，病组织软化腐烂，有时有棕色汁液流出。如遇高温干旱天气，病斑不规则开裂。后期病部叶能产生大量"蘑菇"菌体。感病果实两三天后脱落。

防治方法：软腐病具有晴天不发病。阴天发病轻，雨天发病重的特点。

（1）冬春季节深挖垦复，清除病叶病果，减少越冬病菌。

（2）改造过密林，适当整枝修剪，通风透光。减少发病。

（3）病害发生前做好防病工作。一般在 4 月中旬用 0.8% 波尔多液和 0.5% 赛力散混合喷洒，或喷洒 50% 可湿性退菌特 400 ～ 600 倍稀释液，每隔 10 天喷一次。如果水源不便，可用赛力散加石灰（1 ：10）混合撒施。

（4）苗圃地要选择排水良好，向阳的地方，避免连作。要加强对苗木的护理，增施磷、钾肥，提高苗木抗病力。

3. 油茶苗菌核性根腐病

又叫白绢病、霉根病。发病严重时，茶苗养分和水分运转受阻，叶片脱落，整株枯萎，茶苗成片死亡。这种病一般在 6 ～ 7 月高温干旱季节发生。陕南在土质黏重、排水不良的苗圃地上育苗，根腐病往往比较严重。

症状：主要发生在接近地面的茎基部，开始病株组织出现褐色，上面很快长出白色棉毛状物，并以网状向上部及土壤表面扩展，形成白色绢丝状膜层，以后在其中逐渐形成白色的小颗粒（如图 2-27），继而扩大成油菜籽大小，颜色由白色变成黄色，以后又变成褐色，这是病菌的菌核。根腐病是由担子菌中一种叫纹枯菌（无性世代为小菌核菌）的真

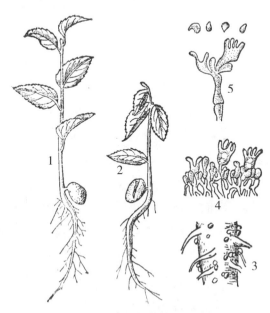

图 2-27 油茶苗菌核性根腐病

1.健康的油茶苗 2.染病油茶苗 3.放大的苗根部
4.病原菌的担子层 5.病原菌的担子和担孢子

菌引起。菌核在土壤里或附着在病株组织上过冬。次年温度适宜时菌核萌发，长出新菌丝体，侵害苗木。病菌以菌丝在土中蔓延传染，也可借雨水和流水传播。

防治方法：

（1）育苗时，要选择排水良好的山脚坡地，平地育苗要做高床，挖好排水沟，搞好排水工作。避免在熟土上育苗，或与禾本科作物轮作。

（2）施足基肥，增施有机肥料，促进有益微生物活动。

（3）播种前每亩喷洒1%硫酸铜溶液250～300千克，或施用石灰25～50千克，进行土壤消毒。

（4）发病时应及时拔除病株，消除附近带菌的土，再用1%硫酸铜液浇灌苗木根部，或在苗木根际撒赛力散药土（1∶200），消毒保苗。

（二）主要虫害

1.油茶毒蛾

油茶毒蛾又叫茶毒蛾、茶毛虫、毛辣子、毒毛虫等，是油茶最主要的害虫之一。幼虫主要食用油茶叶片，发生猖獗时，连嫩枝、花芽和幼果都吃光。南方每年发生3～4代，陕南每年发生两代。

形态特征：雌成虫体长10～13毫米。体黄色。触角单栉齿状，黄色。顶角有两个明显的黑斑。翅面散布很多黄褐色小点，翅中央有两条淡黄色纹带（如图2-28）。雄成虫体长约7毫米，黑褐色，触角双栉齿状。

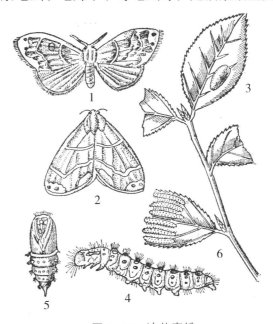

图2-28　油茶毒蛾
1.雄成虫　2.雌成虫　3.卵块　4.幼虫
5.蛹　6.被害状

顶角有二枚黑点。翅中央有两条不明显的黄色横带。卵细小，黄色，圆球形，卵块上覆盖有黄色茸毛，每个卵块有卵 80～120 粒。幼虫初孵化时为淡黄色，披有黄白色短毛，体背和两侧均有黑瘤，瘤上簇生黄色毒毛，尾部两侧各有一丛白色长毛。老熟幼虫体长 17～20 毫米。蛹长约 10 毫米，圆形，红褐色或黄褐色，密生黄色短毛，具有钩状尾刺，蛹外有土黄色薄丝茧。油茶毒蛾各个虫态均有毒毛，不要用人的体肤触及。

防治方法：

（1）清除油茶枯枝、落叶、杂草，集中焚烧灭蛹，或结合油茶垦复，培土 10～12 厘米，打实，使土中蛹不能羽化。

（2）冬季结合修剪，剪除有卵块的叶片，烧毁。

（3）幼虫三龄以后，阴天多聚集在油茶树顶部，太阳曝晒炎热时，爬到树干中下部阴凉处。这时，将幼虫投入盛石灰的容器内灭杀。

（4）当成虫羽化期，在夜晚 7～11 时点灯诱杀。或将雌蛾腹部剪下，在二氯甲烷中浸泡 8～10 小时，用研钵将组织磨碎，使之充分溶解，再用滤纸过滤，滤液即为性外激素。将滤液置于水盆诱捕器中，傍晚挂在油茶林内，诱杀效果良好。

（5）利用蜻象、螳螂、蜘蛛等捕食性天敌和茶毛虫绒茧蜂、毒蛾绒茧蜂、茶毛虫瘦姬蜂、茶毛虫黑卵蜂、日本黄茧蜂等寄生性天敌防治。

（6）用 1∶（25～30）的白僵菌液或 1∶（25～30）的松杆菌液防治。

（7）用 80% 敌敌畏和晶体敌百虫 1∶（500～1 000）倍液喷洒，20 分钟后 100% 死亡，喷洒 1∶1 000 倍的亚胺硫磷液，10 分钟后 100% 死亡。2.5% 鱼藤酮 100 克加水 50～60 千克，肥皂 50～150 克，杀虫率 90% 以上。用松香 1.5 千克，碱 1 千克，水 5 千克混合成松碱合剂，稀释 10～15 倍，杀虫率 95%。

2. 油茶尺蠖

油茶尺蠖又名量步虫、造桥虫、吊丝虫等。属鳞翅目尺蠖蛾科。幼虫吃叶片；发生严重时，老叶及嫩叶、嫩茎全被吃光，使油茶树仅剩枝干，逐渐枯死；猖獗时把整片油茶吃光，状似火烧，造成油茶大减产。

形态特征：成虫体长 14～18 毫米，灰褐色，雄蛾触角羽毛状，雌蛾触角丝状（如图 2-29）。前翅基角有两条黑褐色纹条，翅中央有一条黑褐

色的波状纹，后翅有三条黑
褐色条纹，尾部丛生黑褐色
茸毛。卵椭圆形，细小，初
产时为草绿色，以后逐渐变
成黄褐色或黑褐色，排列成
块，每块有卵 400～1 200 粒，
卵块外盖有一层黑褐色的茸
毛。幼虫体长 50～60 毫米，
孵化时为黑色，长大后逐渐
变为黄绿色或淡褐色，头顶
中央凹陷，两侧各有角状突
起物。蛹圆锥形，棕褐色，
有小点，头部细小，有两个
角状物突起，腹部末端有分
叉的长刺一根，两侧有两个突起。

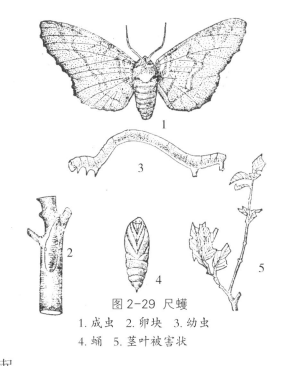

图 2-29　尺蠖
1. 成虫　2. 卵块　3. 幼虫
4. 蛹　5. 茎叶被害状

防治方法：

（1）2～3 月间成虫羽化出土产卵时人工捕捉，集中消灭。刮去树枝
干上的卵块。

（2）捕捉幼虫。捉到的幼虫可喂家禽，或倒入窖内，加石灰促进腐烂，
以后用作肥料。

（3）秋季铲山，深 20～30 厘米，把蛹翻出来，集中消灭。冬季垦复，
培土灭蛹。

（4）利用苏云金杆菌、青虫菌，每升 1～2 亿孢子，喷杀 2～3 龄以
前，用 50% 二溴磷乳剂 1∶1 000 倍液喷杀。90% 敌百虫晶体兑水 1 200 倍，
每亩用药液 50 千克。

3. 茶梢蛾

茶梢蛾属鳞翅目尖翅蛾科。幼虫前期为害叶片，取食叶肉，越冬后转
移为害春梢，被害春梢膨大，顶芽失水凋萎、枯死，影响油茶结实。

形态特征：雌成虫体长 6～7 毫米，体深灰色。触角丝状，长约 6 毫
米，基节较粗。前翅披针形，翅缘毛长（如图 2-30）。雄成虫体长 5 毫米，

全身灰白色。翅面散生许多黑鳞，翅中央近后缘处有两个较大的黑色圆斑。卵椭圆形，淡黄色。幼虫体长为 7～9 毫米，肉黄色，头棕褐色。身上有短而稀的细毛，腹部不发达。蛹黄褐色，圆筒形，长 5～7 毫米。

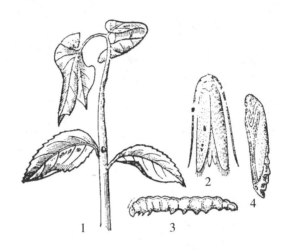

图 2-30 茶梢蛾
1.被害枝　2.成虫　3.幼虫　4.蛹

防治方法：

（1）嫩枝被害后，多在 7～8 月枯死，这时幼虫在枝条内化蛹。把被害枝条剪下烧掉。

（2）8 月下旬成虫羽化盛期，在为害较严重的山坡上，晚上 8～10 时设置诱虫灯，使之扑火自焚。

（3）保护姬蜂，旋小蜂、小茧蜂等天敌，抑制茶梢蛾的蔓延扩展。

（4）在越冬幼虫开始转移蛀食茶梢前，喷洒 500～1 000 倍敌敌畏乳剂或敌百虫，能杀死在叶片上的幼虫。

（三）寄生植物的防治

苔藓、地衣、桑寄生、菟丝子，无根藤等植物，一般在高山、深山老油茶林生长较多，因为老油茶林生长衰弱，树皮粗糙，利于苔藓地衣附生。此外，管理粗放，灌木杂草丛生，枝条杂乱的油茶树，寄生植物也较严重。苔藓和地衣附着在油茶枝干周围，桑寄生、菟丝子、无根藤有假根，寄生在树上吸取水分和养料。油茶树被寄生后生长衰退、影响枝梢的生长发育，枝叶枯黄稀少，孕蕾着果少，枝干逐渐枯死。

防止方法：

（1）衰老油茶林应及时更新，荒芜的油茶林要垦复，清除杂草灌木，避免寄生植物的寄生和蔓延。

（2）雨后用刀刮除苔藓、地衣，用 1% 波尔多液喷洒，防止再生。用枝剪剪下桑寄生、无根藤、菟丝子烧掉。

（3）把 50% 的利谷隆稀释成 2.5% ～ 5% 的药液喷洒，或把 20% 的敌草隆稀释成 2.5% ～ 5% 的药液喷洒，可杀死苔藓和地衣。

九、油茶的综合利用

（一）榨油

榨油分木榨和机榨两种。一般每 100 千克茶籽出油 25 ～ 28 千克。榨油时间最好在冬春两季，最迟不得迟于第二年 6 月，6 月以后，出油率大大降低。

1. 木榨

目前农村多用这种榨法。茶籽榨油的主要工艺过程是：

（1）曝晒：榨油前茶籽要曝晒两三天，拣去茶籽中的霉籽、瘪籽和杂质。

（2）烘焙：在烘炕上铺篾帘，其上铺油茶籽，厚度约为 10 厘米。铺得过厚不易翻动，焙不均匀；铺得太薄，容易焙老，出油率低。焙的时间不够，水分过重，压榨时会"泻渣"，油渣不干净。一般连续烘两昼夜，种仁转变成为深黄色时，用手轻捏种仁能破碎即可。

（3）碾粉：碾粉要细，细到能通过 1 毫米以下的筛孔，有些地方用粉碎机加工，碾筛结合，功效高，能减轻劳动强度，保证碾粉质量。

（4）蒸粉：把茶籽粉倒进圆形的木甑内，蒸 2 小时，最好蒸到带红褐色，把生坯变成熟坯，用手能捏出油来。

（5）踩饼：将熟坯子用稻草或布包起来，趁热踩饼。踩饼时动作要快，用力要匀，饼中心高，边沿低。榨前饼的厚度为 50 ～ 60 毫米，榨后饼厚为 20 ～ 25 毫米。木榨一般要装 28 ～ 30 块饼。

（6）保温：榨房内要注意保温。温度高，油脂黏度小；温度低，黏度大。而黏度又与出油率密切相关，黏度大，出油慢；黏度小，出油快，因此，保温能提高出油率。

（7）压榨：入榨温度不能低于 100℃，木榨操作要掌握轻、慢、猛、快的要领，先要轻打、慢打、连续打，等大部分油榨出来后，就要狠打、猛打。一般每榨压 90 ～ 120 分钟。

第一榨榨完后，可进行复榨。从榨床中取出来茶饼，趁势用榔头打碎，然后过碾、蒸饼、包饼、保温压榨，操作过程与第一道工序完全相同。茶籽复榨，每 100 千克可增加 2 ～ 3 千克油。

2. 机榨

机械压榨法取油，主要有脱壳、轧坯、蒸炒、做饼、压榨等工序。液压榨油机和木榨的操作方法基本相同。螺旋机不需要 做饼，直接把扎好的料坯入榨。入榨温度不宜低于 120℃。饼的厚度控制在 4 厘米左右。

3. 浸提

将粉碎过的茶饼置于密闭的容器中，用 60 号大豆溶剂油（又称轻汽油）浸提，油分溶解在溶剂中，经过浓缩、蒸发，脱掉溶剂，留下的为粗茶油。每 100 千克饼可浸出粗茶油 5.5 ～ 6.5 千克。浸提后的饼粕残油率为 0.5% ～ 0.8%。

4. 煮油

将油茶子磨碎，在锅内加热水浸泡，同时不断震荡，油分就飘浮在水面上。这时把油撇出，再置于锅中煮沸，减少水分，这就成为很好的食用油。

（二）茶仁饼的综合利用

1. 提取皂素

皂素的化学名称叫皂甙，油茶皂素属于三帖类皂甙，纯净的皂素是淡黄色。

提取方法：浸提过茶油的茶仁粕，用 80% 甲醇溶液反复浸提皂素，浸出液装在一起，注入过量乙醚，滤出沉淀，进行干燥和粉碎，即得到粗皂素。茶仁饼一定要新鲜。茶仁饼中含有的丰富蛋白质和淀粉是繁殖细菌的培养基，含于其中的皂素，是木糖、半乳糖及阿拉伯糖的配糖体，同样是富有营养的物质，如果霉菌寄生，则蛋白质、淀粉为菌类所消耗，配糖体为菌类所分解，游离出不溶于水的皂甙元，它就完全丧失洗涤效能和饲料价值。

茶籽在蒸炒、压榨浸油或提取皂素的过程中，料温超过 110℃，提取时液温超过 60℃，会使皂素浆变为黑棕色，因此，提取过程中要避免高温。

2. 茶饼用作饲料

在榨油过程中，如能保证入榨坯粉中带壳量在 10% 左右，则浸提皂素后，茶仁饼粕中的营养可与米糠相比（表 2-19），可用作猪的饲料。

3. 油茶饼是天然的廉价高效低毒农药

油茶饼对稻瘟病、水稻纹枯病，芝麻茎斑病，小麦锈病，油菜菌核病有较好的防治效果，对稻虱、稻 叶蝉、斜纹夜蛾、地老虎、棉蚜、苎麻天牛、柑橘吹棉蚧、光头蚱蜢也有一定防治效果。对蜗牛防治效果特别显著。

表 2-19　茶仁粕与米糠养分对比

营养成分	茶仁饼粉	生米糠
粗脂肪（%）	1.50	20.63
粗蛋白（%）	17.26	14.45
粗纤维（%）	16.88	6.75
淀粉（%）	44.90	38.55

（三）油茶果壳的综合利用

1. 利用果壳提取栲胶

油茶果壳含单宁 9.23%，可提取栲胶。

2. 利用果壳提制糠醛

油茶果壳含多缩戊糖 34% 左右，理论上可得到 15% ～ 16% 的糠醛。浙江省丽水糠醛厂从油茶果壳实得精糠醛仅有 5% ～ 6%。

3. 利用果壳制活性炭

将油茶果壳投入外加热的炭化炉中，600℃ 左右炭化。待物料全部烧红，将其投入水中熄灭。再将炭和熄炭水置锅中沸腾 2 小时，滤去碱液，再加清水煮 2 ～ 3 次，至滤液呈微碱性。慢慢地把稀盐酸加入蒸煮锅中，中和微量的碱，呈微酸性，滤去溶液。将滤去中和液的炭投入活化炉中，密封活化炉的小孔，温度 800～1 000℃，活化 4 小时，冷却，粉碎，过筛，即得活性炭。

4. 利用果壳制碳酸钾

先把油茶果壳烧成灰白色的灰，然后用水浸灰滤汁，再煎熬，得到灰白色结晶称为土碱。把土碱煅烧，过滤，精制，便得碳酸钾。

油茶栽培及综合利用

　　我国是世界山茶原产地和分布中心，山茶种质资源十分丰富。我国油茶林面积和产量均居世界第一位。在湖南、江西、浙江、福建、广东、广西、湖北、云南、四川、海南、台湾、陕西以及安徽、河南、江苏等省分布着大片油茶林，总面积达 400 万公顷。全国年产茶油 2 亿千克，有 1 亿多人长期食用茶油。茶油是我国传统出口商品，在国际市场上很受欢迎。

　　油茶是我国主要木本油料，人称"铁杆庄稼"。种植油茶管理投工少，经济效益高。除第一年开荒用工量较多外，平常每亩垦复用工，只相当于种植一亩油菜用工量的十分之一，亩产茶油可达 15～25 千克。近年来，广西、湖北、浙江、广东等省（区）出现不少亩产 50 千克油的油茶山。油茶种后一般 3 年开花结果，5 年即有收益，管护好的，受益可在百年以上。

　　栽种油茶可绿化荒山，防止水土流失，调节生态平衡。油茶树枝繁叶茂，叶片层层叠叠，15 年生树冠有 4.2 m^2。油茶根系发达，主根深达 3 米，盘根错节，固土能力很强。能大大减少径流冲刷。加之营造水平梯地，充分发挥了油茶园保水保土的作用。油茶树四季常青，除具有一般树种吸收 CO_2、放出 O_2，吸附尘埃、调节空气湿度、净化空气的作用外，它抗硫化物污染的能力很强，是保护生态环境的优良树种。油茶春季或秋季开花，花果并茂，是美化环境的好树种。

　　茶油色清味香，含有 90% 以上不饱和脂肪酸，有防治高血压和心血管疾病的功效，是高级保健食用油，同时还是重要的医药原料。

　　近年来，油茶皂素提取和利用工业迅速发展，油茶经济效益显著提高。油茶皂素生产潜力很大，应大力开发利用这一宝贵资源。油茶饼含有丰富的蛋白质、糖分、纤维素和矿物质，是重要的饲料来源。

一、油茶的主要用途

（一）茶油是一种高级保健食用油

茶油是高分子化合物，主要成分为高级脂肪酸油酸甘油酯。西北植物研究所用气相色谱仪测定茶油的脂肪酸成分是：棕榈酸 9.3%，硬脂酸 1.9%，油酸 81.4%，亚油酸 9%，亚麻酸 0.2%。茶油油酸和亚油酸含量在 90% 以上，油酸分子都是带双键的不饱和脂肪酸，易为人体吸收。医学上研究认为，不饱和脂肪酸有降低血脂中胆固醇的作用，其机能是促进胆固醇分解为胆酸排出体外，多价不饱和脂肪酸的结构较为疏松，占有较大空间，排挤脂蛋白致使血酯降低。动脉硬化与食用油脂中胆固醇含量有关，一般植物油脂的不饱和脂肪酸含量高，胆固醇含量很低。茶油的胆固醇含量只有猪油的 1/30，故食用茶油有利于血脂中胆固醇含量下降，可减少胆固醇在血管壁上沉积，可防止血管硬化，血压增高。和花生油、芝麻油、橄榄油相比，茶油含油酸、亚油酸量最高。

茶油另一优异之处，是不易受巨毒致癌物质——黄曲霉毒素 B_1 的污染，而花生油易受严重污染，所以，茶油色清味香，耐贮藏，是油浸食品罐头的上等原料，其保鲜保质的时间，高于其他的油品浸制的食品罐头 2～3 倍。

茶油有清热化湿，杀虫解毒的作用。每次服用生茶油 50～100 毫升，能清胃润肠、可治疬气腹痛、急性蛔虫阻塞性肠梗阻、习惯性便秘等。外用，能润泽皮肤，可治燥裂、体癣、慢性湿疹。中药常以茶油调制各种药膏、药丸。民间常用茶油浸泡蜈蚣、螃蟹涂治疮伤。

茶油在工业上用途广，可用来制硬化油、硬脂酸、甘油和黑油膏等。茶油在医药工业上可制造注射用油针剂、鱼肝油制品的稀释剂。

（二）油茶具有观赏价值

我国是山茶种质资源最丰富的国家。山茶主要分布在我国南部和西南部；有 200 多种。秦岭山脉是我国山茶分布的北缘，有大面积油茶栽植。在山茶植物中，以取果榨油为主时，称之为油茶；而以观赏为主时，则称为山茶花。山茶四季常青，郁郁葱葱，种类繁多，色彩艳丽，花形多变。

山茶花因品种不同，从九月底到翌年五月初，花开不断，每朵花能盛开一个月左右，总花期长达 6～7 个月，为深秋、寒冬和早春带来勃勃生机。山茶花最眩目的是白色，最鲜明的是桃红色，最灿烂的是红色，享有"茶花皇后"誉称的为金黄色。郭沫若先生赞道"人人都道牡丹好，我道牡丹不及茶"。世界各国从我国引种山茶花，通过长达数百年的引种杂交培育，现在山茶花因花色不同，花形各异，花期悬殊，花的芳香差别，树势高矮，抗寒力强弱，品种有上千种。山茶花的分类和命名，我国自古以来均有一定的范围和命名规律，大致可归纳为十个方面。

（1）以色喻花，如"金顶大红""白锦球""绿珠球"等；

（2）以花喻人，如"玉美人""白嫦娥彩"等；

（3）以花喻花，如"花牡丹""凤仙"等；

（4）以物喻花，如"皇冠""赤冠"等；

（5）以产地取名，如"丹东皇冠""重庆红""粉红东洋"等；

（6）用花形象，如"狮子球""孔雀开屏"等；

（7）以艺术夸张花势之美，如"赛洛阳""依栏娇""赛金光"等；

（8）以花期早迟取名，如"早春大红球""秋牡丹"等；

（9）以动物形态喻花姿色之美，如"花鹤翎""凤冠"等；

（10）以花的姿色反映自然景观，富有诗情画意，加"东方亮""春媚""早霞"等。

山茶花具有野性的娇习，给种植带来一定困难。山茶适宜在微酸性土壤生长（pH5.5～6.5），对盐碱极为敏感。

我国年产油茶饼 10 多亿千克，油茶饼中含有 10%～15% 油茶皂素，全国油茶饼每年可生产油茶皂素 1 亿多千克。从 20 世纪 80 年代开始，浙江、江西、湖南、广西、湖北等省相继建立油茶皂素化工厂，现在利用的油茶皂素还不到总生产能力 5%。因此，油茶皂素资源亟待开发。

油茶皂素，学名茶皂角甙，结构糖由葡萄糖醛酸、阿拉伯糖、木糖及半乳糖组成。结构酸由反（顺）白芷酸及醋酸组成。茶皂角甙及其配基由 5 至 7 种茶皂草精醇组成，均系齐墩甲烷的衍生物。油茶皂素的表面活性主要是其结构一端为疏水的脂肪酸基团，吸附和胶团化，使皂素具有乳化、洗涤、发泡、分散铺展，润湿、稳定液膜等多种特性。

从20世纪70年代初开始至今，西北植物研究所对油茶皂素的开发利用，开展了研究。油茶皂素，应用范围广，实用价值大。

（1）油茶皂素配制洗发香波，油茶皂素型洗发剂充分体现了皂素的优良天然特性，抗静电、易梳理、止痒、去头屑、消炎以及光亮柔软、护发护肤性强。上海、重庆、浙江、湖南、广西等地生产的种类不同的茶籽洗发香波即属此类。

（2）制成各种乳化剂，油茶皂素做DDT、乐果、马拉松等农药乳剂，不仅有良好的乳化作用，同时加强了药剂效果。西北植物研究所在人造板工业上用油茶皂素做石蜡乳化剂，显著提高了纤维板质量。油茶皂素与润滑油、防腐剂配制成乳化液，可做机床加工润滑剂、液压传动液以及流动减阻剂。

（3）制成各种洗涤剂，油茶皂素精炼以后，加上添加剂，可配制丝绸精炼剂和毛织品洗净剂，具有不受水质影响、不剥色、洗涤性能好的特点。配制金属、餐具和玻璃洗净剂，去油污，不锈蚀金属，不污染环境。

（4）配制发泡剂，中国建筑学会用油茶皂素做加气混凝土。油茶皂素在加气砼生产中，对铝粉脱脂，对料浆发泡稳泡，具有抑制石灰消解和缓浆池稠化作用。油茶皂素也作成选矿剂用于选矿。西北植物研究所制成功萤石选矿剂，效果很好。纯度高的油茶皂素，吸附CO_2能力强，可做啤酒发泡剂。

（5）用于医药，油茶皂素对止咳平喘和老年性气管炎有一定的疗效。油茶皂素精品以对鼠的葡萄糖浮肿，卵蛋白浮肿有显著的抑制作用。油茶皂素含有3%～4%黄酮甙，有祛痰、止咳、抑菌和治疗心血管系统疾病的功效，有的衍生物有抗癌作用。

（6）做农药用，油茶皂素有杀死钉螺和仓储害虫的作用。对杀死蚂蟥有特效，农村常用油茶饼做农药防治病虫害。

（四）油茶饼可做饲料

油茶饼含有脂肪6.89%，粗蛋白12.12%，粗纤维20%，皂素12.8%，糖类27.6%，灰分6.26%，提取皂素后，饼粕可做饲料。

碱液浸泡法去除油茶皂素工艺流程如下：

油茶饼→粉碎→第一次碱液浸泡（一份油茶饼加入两份1%碳酸钠溶

液浸泡 4 小时）→过滤（吊滤）→饼渣→第二次碱液浸泡（碱液浓度 0.1%，时间 2 小时）→过滤→水洗→饲料（或晒干贮存）用碱液浸泡的去毒茶饼 5 份，掺合混合糠 3 份，糖饼 2 份，另加青饲料做成配合饲料。用这种饲料喂猪 5 个月，平均日增重 360 克。该饲料适口性好，猪爱吃，经济效益高。

二、油茶科学研究和生产

西北植物研究所为发展油茶生产，从 1971 年开始了油茶的科学研究工作。23 年来，积累了丰富的油茶科学资料，取得了一批在省内外有影响的研究成果，为陕南油茶生产发展作出了贡献。

（一）对全国和陕南油茶生产作了深入细致的调查研究

1971 年我们深入陕南三个地区油茶产区，对油茶品种资源、分布概况和立地条件进行调查，发现陕南适宜油茶生长的地域辽阔，油茶栽培历史悠久，油茶种质资源丰富，油茶生产潜力较大。同时我们到湖南、湖北进行考查，并在陕西省油料会议发表了《学习外地经验，迅速发展我省油茶生产》的报告，引起了有关方面的重视。同时，利用参加全国会议的机会，对江西、广东、广西、福建、云南、江苏、安徽等省油茶产区进行了考查和学习。

（二）建立油茶科研生产基地，开展油茶优树和优良类型选择

1976 年在南郑区两河建立了油茶场，在横大梁山上的 11 条梁，12 条沟修反坡梯地 2 315 亩，共计 2 927 条（梯带最大 405 米），一般为 120 左右，梯面宽 1.5～2 米。修林道 4 条，修建 2 000 米盘山公路，修建 5 000 米石砌梯式排水沟六条，长 4 000 米绕山排水沟 4 条，水塘 3 口。栽种油茶和果树，大搞农林间作，长短结合，以短补长。成立了油茶科学研究小组。油茶场已成为农林牧副全面发展的林场，起到了示范作用，先后 12 次受到省、市、县嘉奖。

1977 年在南郑区和安康市开展了油茶优树和优良品种类型选择工作。根据油茶产量、出籽率、含油率和物理化学性状，把陕西省普通油茶划分

为小红桃、红桃、红球、青球、青桃、倒卵形、橄榄形、珍珠形、桔形十个类型。陕西小红桃油茶因为具有早熟（较一般油茶早成熟 15～20 天）、丰产（单株产子量高于其他油茶 1～2 倍）、种仁含油率高（比其他类型油茶高 5%～18%）、抗病虫能力强等优点，被选为陕西省优良油茶品种类型。同时选出油茶优树 12 株（其中两株被定为全国油茶优株）。

（三）开展油茶繁殖和引种驯化研究

1975 年开始从全国各地引进 10 个油茶优良种、42 个优良品种和优株。已引种成功的有攸县油茶、腾冲红花油茶、浙江红花油茶、岑溪软枝油茶、永兴中苞红球油茶、葡萄油茶、风吹油茶、越南油茶、宛田红花油茶。

为了迅速繁殖优树，推广油茶育苗移栽，我们研究成功了"油茶沙藏催芽断根尖快速育苗法""油茶短穗扦插育苗技术""油茶叶插、芽插及植物生长素处理技术""油茶种子胚嫁接育苗技术""油茶幼树移栽造林技术"，开展了"油茶幼苗移栽期研究"。

1983 年。"攸县油茶良种引进和油茶繁殖栽培"获陕西省科学技术研究成果二等奖。

（四）合理利用油茶资源，建立现代茶油加工厂

1980 年南郑区油茶发展到 55 400 多亩，1983 年油茶子丰收，全县产量达 50 万千克。因为茶籽生产加工不配套，出现了卖油茶子难的问题。为此我们协助当地政府在 1986 年建立了现代化的茶油加工厂，年加工油茶籽 1 000 吨，年产茶油 20 万千克。茶油加工厂的建立，解决了群众卖茶子的燃眉之急。这不仅保住了原有油茶林，同时又发展了新林。

1987 年陕西省科委和汉中地区科委把"油茶子加工和综合利用"课题列为星火计划项目，1989 年"茶油加工新工艺"获全国星火计划展览荣誉奖。

1992 年 4 月该课题通过省级鉴定，1993 年获南郑区科技进步一等奖。到 1994 年 5 月 24 日止，茶油加工厂累计产值 965.83 万元，实现利税 206.3 万元。南郑区计划委员会和南郑区乡镇企业局正立项在塘口茶油厂建立千吨油茶油深加工生产线。

（五）研究开发油茶皂素资源

1984 年和卫东化工厂合作，用酒精提取油茶饼中的皂素。并用皂素试制洗发香波、金属洗净剂、丝毛洗涤剂。1987 年在陕西省科委工业处的支持下，研究出了油茶皂素纤维板石蜡乳化剂配方，制定了陕 DB385-88 的标准。1988 年在杨陵农业科技开发基金委员会的资助下进行了中间生产试验。陕西省太白和山阳两家纤维板厂三年应用表明，油茶皂素乳化剂乳化的石蜡液性能稳定，质量好。用油茶皂素乳化剂生产的纤维板达到国家一二级标准。1990 年 11 月该成果通过了省级鉴定。

1990 年 7 月在商州萤石选矿厂做油茶皂素萤石选矿剂选矿试验。试验采用油茶皂素萤石选矿剂作为捕收剂，每吨矿石用量为 500 克，替代原用捕收剂油酸。结果表明，用油茶皂素选矿剂选矿萤石精矿品达 95.86%，比油酸高，所选矿粉颜色也胜过油酸。

1994 年 2 月新型刨花板防水剂初步试验成功。试验表明，防水剂性能稳定。含蜡 30%～40%，乳液在 40℃放置 24 小时，析水率 <5%；表面结皮度 <1 毫米。现正在进行中间生产试验。

油茶皂素的应用把油茶经济价值翻了 2 倍到 3 倍。我们还进行了油茶皂素基础理论的研究，摸清了油茶皂素在油茶籽中形成的规律。发表了《普通油茶皂素累积动态的初步研究》《西北植物学报》（1987 年 7 卷 1 期）和《攸县油茶皂素积累和油脂形成关系的研究》《经济林研究》（1988 年 6 卷 2 期）两篇学术论文。

（六）利用油茶饼做农药的试验研究

油茶饼中含有油茶皂素，用它乳化农药，可使原药在害虫体表附着，通过溶解害虫脂类保护层进入体内，溶解血球，从而使有机体生理机能紊乱，氧气供应受阻而死亡。所以皂素既是良好的杀虫剂，又是很好的导药剂。

1975 年在南郑区塘口插秧时选了三块田，基肥分别为亩施 35 千克油茶饼、1 500 千克牛粪和 1 500 千克牛粪加 25 千克油茶饼。在二化螟为害后期作了调查统计，单施 1 500 千克牛粪的苗受害率为 8%；施 1 500 千克牛粪加 25 千克油茶饼的秧苗受害为 1.87%；施 35 千克油茶饼的秧苗受害率为 0.4%。说明油茶饼基肥，对防治二化螟为害有特效。

（七）油茶栽培和山茶花卉生产相结合，油用观赏兼备

随着市场经济的发展，人们对花卉的需求与日俱增。我们正在利用油茶作为原材料，培育山茶花以供应市场。

三、对发展陕南油茶生产的建议

（一）在陕南油茶适生地区逐步扩大油茶种植面积

陕南油茶栽种已有数百年的历史。南郑区塘口被誉为"油茶之乡"，平均每人两亩油茶山。油茶生产在乡镇经济收入中占重要地位。塘口乡张家湾村 1 号油茶王，树高 7.2 米，冠幅长宽各 9 米，地径 50 厘米年产茶油 17.5 千克，居全国油茶单株产量之冠。安康县奋勇村，镇安县玉泉乡都是我省油茶著名产区。

陕西省秦岭以南，巴山北麓，东经 105°30' ~ 110°05'，北纬 31°10' ~ 33°32'，东由商南开始，经东岭、扈家桓、宽平、马平、永红、大河镇、十亩地、两河口，西至略阳，玉皇尖划一条线，线以南属北亚热带气候，总面积 4 702.09 万亩，约占全省面积 15.22%，在这个区域 900 米以下的酸性，微酸性荒山丘陵上均可发展油茶生产。1977 年仅南郑、汉阴、安康、镇巴、宁强、石泉、商南等 8 个县统计，就有油茶 1.44 万公顷。

陕南荒山坡地多，发展油茶潜力很大，可结合长江防护林建设，大面积栽植油茶林，形成产业。若油茶面积能发展到 200 万亩，每亩以产 30 千克油计，则每年可增加 6 000 万千克优质食用油，价值 1.2 亿元，对繁荣山区经济，提高人民生活水平有重大意义。

（二）管好现有林，抓好低产林的改造，提高油茶单位面积产量

现在陕南油茶成林面积约有 30 ~ 40 万亩，但集中种植的较少，大部分零星分散在汉中、安康、商洛 3 个地区 20 多个县内，有些油茶林立地条件较好，管理较好，产量较高，亩产已达到 30 ~ 40 千克茶油，也有不少油茶林无人管护，处于低产状况。抓好低产油茶林改造，很重要。

油茶低产林改造主要的措施是垦复和中耕；改混交林为纯油茶林；进

行修枝整形；适当施肥；保护授粉昆虫，提高坐果率；适时采果。南郑区黄镇区从 1989 年到 1993 年狠抓了万亩油茶园的低产林改造，效果十分显著，油茶结果率成数倍增长。

（三）兴办茶油加工企业，搞好油茶综合利用

在镇安、安康、汉阴、南郑、镇巴、西乡等县都有集中成片的油茶林，现大部分都分散收购和油菜籽混榨，茶油质量不高，没有形成产业。为了提高油茶经济效益，最好能像南郑塘口那样，兴办乡镇企业，建立茶油加工厂。

油茶饼的利用，可先从制农药，去毒做饲料着手，有条件的县可建立油茶皂素化工厂，生产油茶皂素、乳化剂、洗涤剂等产品。规模可由小到大，产品品种可逐步增多。

（四）发展油茶，与环境绿化、美化相结合，油用观赏兼备

油茶是常绿阔叶乔木、灌木和小乔木。花色有红、白乃至金黄色，花大而艳，油茶果大如西瓜，小的似蚕豆，一般有苹果大小。花春季开，亦有秋冬开。油茶两季有花，四季挂果，可做行道树、绿篱，亦可在公园、花园、庭院栽植。把油茶作为四旁绿化树种，不仅能美化绿化生活环境，还能扩大高级食用油来源。

陕南是山茶花的适生地，在西北五省区是难得的一块宝地，但没有专门经营山茶花的机构。许多著名山茶花观赏品种像零金碎玉散落在个人手中，连植物园展览的山茶花也要从云南、广东、浙江等省远道采购，更谈不上山茶花新品种的培育等科研课题。随着人民生活水平的提高，富裕起来的人们以及大宾馆、公园和公共场所对山茶花的需求必然与日俱增，发展山茶花一定具有广阔的市场。

（本文原载陕西科技出版社 1986 年）

油茶林

（一）栽培历史和现状

油茶在我国栽培历史悠久，早在春秋战国时期，已有栽培利用，《山海经》中记载："员木，南方油食也"，员木即油茶。陕南种植油茶据说系宋朝末年由湖南传入，亦有说是清朝道光年间由四川引进，传说纷纭，无据可查。现从三百余年生的大树看来，陕南种植油茶的历史至少有三百余年了。陕南油茶发展速度比较快，1972 年陕西省有油茶 1 000 公顷，到 1979 年仅南郑、汉阴、安康、镇巴、镇安、宁强、石泉、商南等八个县统计，就有油茶 1.44 万公顷。南郑区塘口被誉为"油茶之乡"，平均每人两亩油茶山，油茶生产在乡镇经济收入中占重要位置。塘口乡张家湾村一号油茶王，树高 7.2 米，树冠长宽各 9 米，地径为 50 厘米，最高年产茶油 17.5 千克，在全国油茶单株产量中名列前茅。南郑区是陕南油茶老产区，1978 年该县具有油茶 3 688 公顷，年产干茶籽 324 吨（折油 80.93 吨）。陕南油茶大部分是 1977 年以后种植的，目前还处在幼林阶段，刚刚开始开花结果。

（二）栽培范围

在汉中、安康、商洛三个地区的南郑、镇巴、西乡、宁强、洋县、勉县、宁陕、石泉、汉阴、紫阳、安康、岚皋、镇坪、平利、旬阳、白河、镇安、商南、山阳等二十余县，海拔 900 米以下的浅山丘陵均有油茶分布。陕南属我国油茶分布北缘。现在油茶种植范围，已打破原有疆界，翻过秦岭，在西安市近郊内苑开花结果。

根据油茶林的分布状况和陕南亚热带的综合自然条件，陕南可以划分为两个油茶林带。

1. 秦岭南坡浅山丘陵油茶带（海拔 900 米以下）包括勉县、城固、洋县、宁陕、石泉、汉阴、旬阳、镇安、山阳、商南等县。这一带年降水量 800 ～ 900 毫米。相对湿度 70%，年平均温度 13 ～ 14℃，全年无霜期 220 ～ 230 天，年蒸发量 1 400 毫米左右，年日照 1 800 ～ 2 000 时。土壤为黄泥土（弱黄化弱淋溶黄棕壤）。

2. 巴山北坡浅山丘陵油茶林带（海拔 1 000 米以下）包括南郑、宁强、西乡、镇巴、紫阳、安康、平利、镇坪、白河等县。该带年降水量 1 100 ～ 1 200 毫米，相对湿度 75%，年平均温度 14 ～ 15℃，全年无霜期 250 ～ 260 天，年蒸发量 1 200 毫米。年日照 1 600 ～ 1 800 时。土壤为黄泡土（普通黄棕壤）、黄胶泥（土地黄褐土）、黄泥巴（普通黄褐土）。

（三）生态特征

1. 油茶是喜光性树种

幼苗喜庇荫，在夏秋烈日下曝晒易受灼伤，而成林树阳光不足时产果量和油的质量均受影响。

南郑区在发展油茶时，把马尾松和油茶间种，油茶幼苗生长在马尾松树荫下，避开了夏秋烈日曝晒，较易成林。但对成年油茶树不利。南郑区全年日照时数 1 685 时，7、8、9 三个月当油茶长果形成油脂的时候恰逢雨季，日照对形成果实本来就不足。因此，在马尾松林荫蔽下的油茶树，对于花芽形成，果实成长，光照更显不足。生长在马尾松林中的油茶，节间长达 12 ～ 15 厘米，枝条细弱，主干呈单干型，叶片大而薄，淡绿色，单株结果很少，结果株占总株数 43%；而伐去马尾松的油茶林，结果株占总株数的 97%，树干半米高处的光合强度为 0.299 毫克 CO_2/平方分米·时，每公顷产茶果 6 172 千克。而林内油茶树半米高时光合强度为 0.181 毫克 CO_2/平方分米·时，0.299 毫克 CO_2/平方分米·时，每公顷产茶果仅 306.75 千克/时。前者的产量是后者的 20.1 倍。（表 2-20）。

表 2-20　间伐与未间伐马尾松对油茶林（15 年生）的影响

观察项目 间伐与否	株高（厘米）	基径（厘米）	冠幅（cm）		丛数/（公顷）	株数/（丛）	春梢长（厘米）	相对照度（%）	光合强度 mgCO$_2$/dm^2.时	千克/公顷（测产）
			南北	东西						
1977 年伐去马尾松	211.24±7.70	3.59±0.17	134.5±5.56	132±5.16	775.6	3.2±0.2	21.6±1.2	4.821±0.955	0.299	6.172
未伐去马尾松	151.7±8.88	2.07±0.17	97.8±6.77	103.8±6.77	611.9	1.9±0.2	1.87±0.21	4.09±0.589	0.181	360.75

2. 油茶喜温暖、怕严寒

油茶一般要求年平均气温 14 ～ 21℃，最低月平均气温不得低于 0℃。短时间的极端最低气温 -10℃尚能过冬。花期平均气温 12 ～ 13℃为宜，最低不得低于 9℃。盛花期平均气温不要低于 10℃，低温霜冻对开花和授粉都有影响，易造成落花。最热月平均气温为 31℃，一般超过 39℃生长便受到抑制。1975 年南郑区油茶开花时遇到持续低温，气温由 20℃突降至 5℃，最低在 0℃以下，油茶花严重受冻，1975 年油茶籽产量大幅度下降，油茶籽产量不及常年的 1/10。1975 年山阳县过凤楼，把油茶籽播种在海拔 1 000 米以上，加之当年冬季持续低温，茶苗嫩芽和幼叶均受冻枯萎。

3. 油茶各个发育阶段对水分要求不一

据统计，1 000 个油茶春梢，每天蒸发水分 5.5 千克，"七月干球，八月干油"，七月份雨水少，油茶果生长受影响，8 月份雨水少，油茶果含油量低。油茶开花时，下透雨、天放晴，授粉好，落花落果少，产量就高。

油茶生长发育比较适宜的水湿条件是，年降水量 1 000 ～ 2 000 毫米，相对湿度 70% ～ 80%。

4. 要求疏松、深厚、保水力强、吸水性好、比较肥沃的沙质土壤

在这种土壤条件下，油茶产果量出油量均高。油茶最怕碱性土壤。一般 pH4.6 ～ 6.5 为宜，pH5 ～ 6 的酸性黄土壤或红土壤为最适宜。根据油茶的生态特性来看，陕南是适宜油茶发展的。

（四）变异型及品种

世界上山茶属植物约有二百多种，集中分布于我国南部的约有 150 种，

陕南种植比较多的为普通油茶。其次为攸县油茶。陕南普通油茶分为红桃，小红桃等 10 个种类（表 2-22）。其中小红桃鲜果出籽率 40.7%，

出仁率 64.2%，种仁含油率 48%，种籽含油率 32%，为秋分籽。成熟早，是优良类型。攸县油茶 1973 年由湖南引进，在南郑区表现出结果早，出油率高（68%～70%），耐 -8℃低温等良好性状。正在逐步推广。汉阴、安康、镇巴等县有野生攸县油茶，但茶果小，籽小，产量低，在栽培利用上经济价值不大，可作为育种材料。

（五）生长及产量

1. 油茶生长比较缓慢

攸县油茶属于矮化丰产类型品种，六年生，平均株高 1.17 米，基径 26.7 毫米，冠幅不到 1 平方米。因此，油茶栽培和选种的重点应放在速生丰产上。

2. 油茶果实生长

油茶 10 月份开花授粉，到翌年 3 月子房开始膨大，其生长进程可分为二个时期；

7 月中旬以前果实生长速度由慢变快，7 月中旬至八月中旬果实迅速膨大。八月下旬以后果实生长又趋于缓慢，果毛逐渐消退，果皮发亮，果实进入成熟阶段。

油茶果实进入 8 月以后，就开始形成油脂，9 月下旬油分增长强烈，10 月 10 日达到高峰。10 月中旬以后，油分含量有所下降。糖分的变化，随油分含量的增加而逐渐递减。说明油份增加的物质基础，是还原糖的转化（表 2-21）。

表 2-21　油茶主要物质含量分布

日期	出籽率（%）	出仁率（%）	风干种子含油率（%）	种仁含油量（%）	含糖（还原糖）（%）
10/9	39.03	40.51	15.11	37.30	3.20
20/9	53.21	54.28	21.77	40.10	2.50
30/9	54.10	60.25	30.19	50.10	1.50
5/10	57.78	57.33	31.07	54.20	0.9
10/10	54.84	64.75	36.58	56.50	0.7
15/10	52.64	62.84	34.25	54.60	0.65

表2-22　陕西省普通油茶的类型及理化性状

品种群	品种类型	果实大小		果皮厚（毫米）	单果籽数	单果重（克）	单果鲜籽重（克）	鲜果出籽率（%）	物理化学性状						
		纵径（厘米）	横径（厘米）						比重（20℃）	折射率（30℃）	皂化值	酸值	碘值	出仁率（%）	种仁含油率（%）
秋分籽	小红桃	3.47±0.108	2.64±0.048	2.85±0.24	4±0.494	12.2	4.93	40.7	0.9212	1.4628	153.44	1.99	84.5	64.2	48
寒露籽	红桃	4.55±0.108	3.52±0.054	3.8±0.214	7.6±0.734	27	11.45	42.4	0.9275	1.4721	189.08	2.2	85.45	60	41.05
	红球	4.08±0.12	3.66±0.073	3.95±0.29	6.4±0.5	28.1	11.53	41	0.9195	1.4561	187	1.7	76.43	62	43.4
	青球	3.96±0.117	3.81±0.036	3.7±0.259	7.4±0.67	30.5	13.22	43	0.9259	1.4621	192.88	1.23	84.02	63.1	38.7
	青桃	4.22±0.051	3.49±0.22	3.85±0.26	5.6±0.478	23.3	8.8	37.8	0.9127	1.4702	192.89	4.73	83.61	63.2	42
	倒卵形	0.71±0.071	3.26±0.056	3.55±0.15	4.9±0.234	30.65	13.1	46	0.925	1.4708	190.39	1.4	80.29	53.11	37.57
	橄榄形	4.51±0.134	2.55±0.072	3.05±0.07	3.9±0.434	15.2	5.57	36.2	0.9205	1.4618	189.83	1.3	83.84	68	38
	珍珠形	1.9±0.056	1.93±0.137	2.3±0.17	1.2±0.33	2.93	1.12	38.2	0.9265	1.4668	202.16	2.47	51.7	64.85	40.57
	金钱形	3.13±0.056	3.21±0.054	2.88±0.09	5.25±0.51	18.03	7.43	41.2	0.9123	1.4703	169.5	1.05	85.41	63.1	45
霜降籽	橘形	3.22±0.099	3.7±0.092	4.1±0.32	7.5±0.794	29.8	12.3	41.3	0.9194	1.4678	190.35	1.94	84.76	59	40.57

3. 油茶产量

我国油茶林多处于野生半野生状态，因此，产量低而不稳，全国油茶平均每公顷产 37.5～45 千克茶油。湖南、浙江、湖北、广西等省区集约经营的油茶林，每公顷产茶油达 750 千克 以上。陕南油茶平均每公顷产 60～75 千克茶油。南郑区塘口乡张家湾有每公顷产茶油 563 千克以上的高产林地。

陕西省的油茶树 80% 以上是 1977 年以后发展的，幼林居多数。其中 15 年生的成林约有 1 000 公顷，年产油茶籽约 35 万千克。随着结果林的增加，油茶籽的产量逐年提高。

（六）栽培经营方式

培育油茶林的关键是抓幼林的速生丰产。主要的环节是良种壮苗、播前整地、合理密植，适当修剪和抚育管理。

1. 油茶是异株异花授粉的植物，选择产量高，抗逆性强，生长快的品种，对于保证油茶稳产高产很重要

增育壮苗，主要是选好圃地，以坡向东南，土质肥沃，排水良好酸性的沙壤土为好。管理时注意施肥、除草、灌水、防治病虫害。采用营养钵育苗，可提高幼苗移栽成活率，用"油茶催芽去根尖快速育苗法"育出的苗木根系发达，移栽成活率高。为了充分发挥优良单株的生长优势，也可采用短穗扦插和芽插的方法培育壮苗。

2. 油茶既可植苗，又可以直播造林

一般随采随播。春播宜早。最好在惊蛰完成。油茶和油桐种子同穴混播，可以利用油桐给油茶遮阴，又可在油茶没有收益之前，提早受益。造林密度一般采用 3.5 米 ×3.5 米。

缓坡、陡坡，土质瘠薄及背阴地方适当密植。采用 1.5 米 ×2 米，至中龄林时经间伐每公顷保留 1 605 株左右。

3. 油茶修剪主要分为整形修剪和一般修剪两种

修剪为油茶多结果创造了优越的条件。1982 年南郑区两河油茶场油茶树修剪后，半米高处相对照度为 17.11，光合强度为 1.531 mg $CO_2 dm^2$/ 时，而未经修剪的相对照度为 4.421，光合强度为 0.86 mg CO_2/dm^2/时。(表 2-23)。

4.陕南酸性土壤，养分比较贫乏应增施肥料

禁止在山上铲草皮积肥给稻田施肥。春季以施氮肥为主，结合施磷肥。促使油茶生根抽梢发叶；夏季施磷肥，防止落果，提高出油率；秋季施氮、磷、钾混合肥，以达到多出油，多开花的目的；冬季施钾肥，增强油茶抗寒能力，减少落花落果。

表2-23 修剪与未修剪（18年生）植株状况

项目 处理	春梢长（厘米）	冠幅（厘米）		分枝数	相对照度（%）	光合强度 mgCO$_2$/dm^2·时
		南北	东西			
修剪	26.28 ± 2.49	151.1 ± 10.79	163.4 ± 12.16	18.4 ± 1.22	17.11 ± 3.47	1.531
未修剪	20.65 ± 1.66	194 ± 12.91	197 ± 13.43	30.2 ± 3.34	4.421 ± 1.27	0.861

5.油茶幼苗喜阴，新栽的油茶林可以进行间作套种

陕南油茶和油桐，油茶和马尾松间作比较普遍。油茶套种粮食，油料、药材和蔬菜，苗木也广泛采用。

栽后五年内每年抚育两次，第一次在4、5月，第二次在8、9月。主要是疏松土壤，改善土地条件，除去杂草灌丛，防治病虫害。

表2-24 南郑区塘口张家湾油茶垦复与未垦复的产量对比

年份	垦复（千克/公顷）	未垦复（千克/公顷）
1977	2242.05	1275.6
1978	1616.7	1272.2
1979	6231.3	1071.45
1981	3749.5	645.6

表2-25 茶油的化学组成

化学成分	含量 %
油酸	83.3
亚油酸	7.4
棕榈酸	7.6
硬脂酸	0.8
花生酸	0.6
豆蔻酸	0.3

油茶成林管理主要是垦复。垦复的原则是：树冠内浅，树冠外深，幼树浅、大树、老树深；熟山浅、荒山深；浅坡浅、平坡深。垦复的方法有全垦、带垦、穴垦、阶梯式垦（即水平梯田、梯土垦复）、壕沟抚育施肥等。陕南油茶林多处在山高、坡陡、土浅薄地，加之雨水多，一般的垦复措施容易引起水土流失，应采取阶梯式垦复。油茶林一经垦复，增产效果十分显著（表2-24）。一般的表现出当年见效，第二年增产，三年大丰收。

（七）评价及经营建议

油茶是优质食用油。茶油含有被人体直接吸收的油酸83.3%，亚油酸7.4%（表2-25）。茶油贮存不易腐败变质。茶油还可以做肥皂、凡士林、人造奶油、机械润滑油和机件防锈油等。

茶饼用溶剂萃取尚可提出4.5%～5.5%的茶油。可用于制肥皂，特别适于制造油酸。茶饼含有8.78%皂素，可作洗涤剂、乳化剂和药用。据报道，油茶皂素可制成抗浮肿的药。茶饼中的皂素对稻瘟病、水稻蚊枯病、小麦锈病、芝麻茎斑病、油菜菌核病，有较好的防治效果。对稻虱、稻叶蝉、斜纹夜蛾、地老虎、棉蚜、苎麻天牛、柑橘吹绵蚧也有一定的防治效果。对蚂蟥、钉螺、椎实螺的防治效果特别显著。

油茶果壳含有10%的单宁，可提制栲胶。还可以提制糠醛，木糖醇和活性炭。也是提制碳酸钾的好原料。

油茶木质坚韧，老林更新和修枝的树干、树枝，可用来制造小型农具、家具，又是很好的燃料。陕南荒山坡地很多，适宜种植油茶的面积很大，为了搞好陕南油茶生产，特别提出以下几点建议：

1.食用油料走木本化的道路应该作为长远的战略措施，有计划有组织的发展油茶等木本油料，可以克服粮油争地的矛盾，减轻平坝油料作物用地压力。

2.加强现有油茶树的抚育管理。对低产林应采取阶梯式垦复。和马尾松混交的油茶林，逐步改造成油茶纯林。油茶幼林要及时修剪整形，油茶大树要做好修剪工作。对适宜施肥的油茶山，要普遍增施肥料。要用油茶优良品种和类型来逐步更替现有的品种和类型。

3.油茶生产要实现良种化，不断选育和引进优良的油茶品种。采用扦插、嫁接等无性繁殖技术，迅速繁育油茶优良品系。使得油茶果产量高，茶油的品质好。

油茶林地多为山坡地，在整地和抚育中应做好水土保护工作，同时，要改粗放经营为集约经营，促使油茶林速生丰产。

4.抓好油茶副产品的综合利用，提高油茶经济效益，使茶饼、果壳发挥它的应有作用。

5.目前，陕南油茶生产正处于发展阶段，要采取适当的经济政策提高和发展油茶生产的积极性。

（本文原载《陕西森林》1989年）

第三部分

油茶引种和繁殖驯化研究

1. 攸县油茶引种研究

2. 攸县油茶良种引进和繁殖栽培的研究

3. 湖南攸县油茶引种实验初报

4. 油茶花期生态学特性及其在生产中的应用

5. 陕南油茶种资质源及其分布的研究

6. 亚热带北缘油茶引种研究

7. 腾冲红花油茶和浙江红花油茶引种初报

8. 亚热带北缘浙江红花油茶和腾冲红花油茶引种成功

攸县油茶引种研究

李玉善

（西北植物研究所）

油茶是我国主要的食用木本油料，我国年产茶油 125 000 吨，居世界茶油生产首位。油茶生产不与农作物争地，加之我国亚热带山区幅员辽阔，油茶生产对发展多种经营，保证食油供应，绿化荒山，保持水土，繁荣山区经济具有重要意义。

我省汉中、安康、商洛三地区是油茶分布的北缘，栽种油茶历史悠久，三地区所辖 20 余县内的新老油茶林生长与结果情况良好。南郑区塘口乡张家湾村油茶王，最高年产茶油 17.5 千克，为全国油茶单株产量之冠。近年来陕南油茶发展速度很快，已由 1967 年的 7 000 亩，发展到 1978 年的 270 000 亩，其中仅南郑区就有 55 000 亩。

自 1973 年以来，我们陆续由广东、广西，湖南. 湖北、浙江. 安徽、四川、福建、云南、贵州等省引进油茶种 11 个，普通油茶优良品种和类型 10 个，优良单株 42 个。攸县薄壳香油茶引进我省后，栽植在南郑区两河乡，在与本地油茶同样管理条件下，表现出：

表 3-1　攸县油茶和普通油茶六年生苗对比

栽植方式	株高（厘米）	基径（毫米）	每丛株数	冠幅（厘米）		结果情况
				东西	南北	
攸县油茶（移栽）	99.5	25.7	1	57	63.2	30.5 千克/亩
普通油茶（直播）	36.5	5.14	4.16	29.4	29.1	0
普通油茶（移栽）	100.8	13.8	3.3	72.8	65.4	少量开花结果

（一）三年始花，五年普遍结果，开花结果早。

攸县油茶 1976 年定植在南郑区两河乡后，除每年垦复锄草外，仅 1979 年春施了少量化肥，合每亩 2 千克尿素。1978 年产了少量果，1979 年亩产茶油 0.53 千克，第二年（六年生）亩产茶油为 3.05 千克。比当地普通油茶早开花挂果 3 ～ 4 年。

（二）果皮薄，每斤鲜果出籽率比本地普通油茶高出 24% ～ 31.8%；出油率比本地普通油茶高出 7.1%，且油清香味美，有光泽

攸县油茶果皮厚为 0.08 ～ 0.19 厘米，而普通油茶果皮厚 0.23 ～ 0.41 厘米。攸县油茶籽壳也比普通油茶薄得多。攸县油茶茶油酸价 1.86，皂化值 187.9，碘价 84.7，纯属不干性油，油脂清亮放光，不起泡沫，食用美味可口。

（三）抗严寒能力强

1975 年冬南郑区持续低温半个月左右，12 月 15 日最低温度达 -8℃，从湖南、广西、广东等省引进的永兴中苞红球油茶，软枝油茶不同程度地受到冻害，广宁红花油茶（*Camellia Semiserrafa* Chi）被完全冻死，而攸县油茶安然无恙。

表 3-2　攸县油茶和普通油茶经济性状

种类	单果重（克）	鲜果出籽率（%）	含壳率（%）	含油率（%）		皂化值	酸价	碘价
				种子	种仁			
攸县油茶	2~6	62 ～ 70	22	31.37	37.64	187.9	1.86	84.7
普通油茶	2.93 ～ 30.65	36.2 ～ 46	32 ～ 46.89	28.15	37.51	153.44 ～ 202.16	1.05 ～ 2.20	15.70 ～ 85.45

（注：攸县油茶种仁含油率测定时带种皮）

（四）抗油茶炭疽病比本地油茶强。

在南郑区普通油茶（*Camellia Oleifera* Abel）有炭疽病，严重的落果率

高达 50%，而攸县油茶未发现炭疽病。据中国林业科学院亚热带林业研究所病史室三年人工刺伤接种诱发实验表明，攸县油茶果实接种炭疽病后基本不表现症状。

（五）植株矮小，分枝紧凑，适宜矮化密植

1973 年我们在攸县江南村调查了一块 15 年生的林地，植株平均高118.1 厘米，冠幅平均 120 平方厘米，平均每丛有 13.1 株，最多为 23 株。每亩有近 300 丛。

在南郑区两河乡栽种的攸县油茶，其中一块面积 1.44 亩，每亩 311株，虽是普通油茶最大密度的 4 倍多，但依然显得稀疏。攸县油茶每亩栽500 ～ 600 株为宜。

表 3-3　南郑区两河 1975—1981 年攸县油茶生长状况

测定时间	株 高（厘米）	叶片数	基径（毫米）	冠深（厘米）	冠幅（厘米）		产果量（千克/亩）
					东西	南北	
1976 年元月	11.8	6.8	3.3				
1977 年 6 月	30.7	28.1	5.4	25.4	19.4	17.5	0.175
1978 年 10 月	63.8		13.2	60.1	33.8	34.7	5.32
1979 年 6 月	84.7		16.7	72.7	47.1	49.2	35.50
1980 年 7 月	99.5		25.7	89.0	57	63.2	20.4
1981 年 6 月	117		26.7	95.8	67.2	72.7	（受灾）

普通油茶果实分布在表层，而攸县油茶内膛外层均结果，形成立体结果，产量高。

（六）春花秋实，比本地油茶晚熟半月，避开了农忙季节，不与农事争劳力

攸县油茶在南郑区 1 ～ 4 月开花，2 ～ 3 月为盛花期，11 月果实成熟，比本地油茶晚熟半个月。本地油茶成熟时正是水稻收获繁忙季节，两者形成争劳现象，而攸县油茶采收在农忙之后，不存在争劳问题。

1976 年至 1979 年 2 ～ 4 月攸县油茶和本地普通油茶一样有软腐病发

生，叶片大量脱落。在发病前喷洒 200 倍波尔多液有一定防治效果。喷洒 50% 可湿性退菌特 600～800 倍液，或 600 倍代森锌液防治效果显著。1980 年至 1981 年春季软腐病没有发生。

根据南郑区攸县油茶实验情况，我们建议湖南攸县油茶可在我省秦岭南坡和巴山地区浅山丘陵酸性土壤上扩大试种。攸县油茶还可作为绿篱，美化环境。

表 3-4　南郑区两河攸县油茶物候期

物候期	抽梢发芽期		芽发育期		花期				果实生长期				假休眠期
	放叶前期	放叶后期	花芽分化期	花蕾期	始花期	盛花期	末花期	终花期	幼果期	长果期	成果期	采果期	
时间（日/月）	下/3-中/4	中/4-下/4	上/5-下/6	下/6-下/12	中/11	上/2-中/3	下/3-上/4	中/4	上/4-上/5	中/5-中/9	上/9-上/11	中/10-下/10	上/11-次年上/2

参考资料

[1] 油茶技术资料 . 全国油茶技术训练班 . 1977 年 9 月

[2] 考察成果汇编 . 陕西省生物资源考察队 . 1974 年 8 月

[3] 南方十四省用材林、油料林基地造林情况座谈会汇报提纲 . 陕西省林业局 . 1977 年 7 月 1 日

[4] 南郑区林业调查 . 南郑区林业站 . 1980 年 11 月

[5] 攸县油茶对炭疽病抗病性的测定初报、亚林科技、1978 年 8 期

（本文原载《西北植物研究》1983 年第 1 期）

攸县油茶良种引进和繁殖栽培的研究

西北植物研究所　李玉善

肖洪福　周世辅　古名怀

（南郑两河油茶场一九八一年十一月）

油茶是我国主要的食用木本油料。我国年产油茶 125 000 吨，居世界油茶生产首位。油茶生产不与农作物争地，加之我国亚热带山区幅员辽阔，油茶生产对发展多种经营，保证食油供应，绿化荒山，保持水土，繁荣山区经济具有重要意义。

我省汉中，安康，商洛三地区是油茶分布的北缘，栽种油茶历史悠久，三地区所辖 20 余县内的新老油茶林生长与结果情况良好。南郑区塘口乡张家湾大队油茶王，最高年产茶油 17.5 千克，为全国油茶单株产量之冠。近年来陕南油茶发展速度很快，已由 1967 年的 7 000 亩，发展到 1978 年的 270 000 亩，其中仅南郑区就有 55 000 亩。

1972 年我们承担了陕西省油茶科研任务，我们比较系统地开展了油茶良种引进和油茶繁殖栽培技术的研究。现已取得攸县油茶良种引进、催芽去根尖快速育苗、油茶移栽时期和十三年油茶树移栽、油茶山地短穗扦插等项成果（前三项以湖南攸县油茶为材料，后两项以普通油茶为材料），并已在生产中推广应用。

一、攸县油茶良种引进

自 1973 年以来，我们陆续由广东、广西、湖南、湖北、浙江、安徽、四川、福建、云南、贵州等省引进油茶种 11 个，普通油茶优良品种和类型

10个，优良单株42个。攸县薄壳香油茶引进我省后，栽植在南郑区两河乡，在与本地油茶同样管理条件下，表现出：

（一）三年始花，五年普遍挂果，开花结果早

表3-5　攸县油茶和普通油茶六年生苗对比

栽植方式	株高（厘米）	基径（毫米）	每丛株数	冠幅（厘米）		结果情况
				东西	南北	
攸县油茶（移栽）	99.5	25.7	1	57	63.2	30.55千克/亩
普通油茶（直播）	36.5	5.14	4.16	29.4	29.1	0
普通油茶（移栽）	100.8	13.8	3.3	72.8	65.4	少量开花结果

攸县油茶1976年定植在南郑区两河乡后，除每年垦复锄草外，仅1979年春施了少量化肥，合每亩2千克尿素。1978年产了少量果，1979年亩产茶油0.53千克，第二年（六年生）亩产茶油为3.05千克。比当地普通油茶早开花挂果3～4年。

（二）果皮薄，每千克鲜果出籽率比本地普通油茶高出24%～31.8%；出油率比本地普通油茶高7.1%，且油清香味美，有光泽

攸县茶油果皮厚为0.08～0.19厘米，而普通油茶果皮厚0.23～0.41厘米。攸县油茶籽壳也比普通油茶薄得多。攸县油茶茶油酸价1.86，皂化值187.9，碘价84.7，纯属不干性油，油脂清亮放光，不起泡沫，食用美味可口。

（三）抗严寒能力强。

1975年冬南郑区持续低温半个月左右，12月15日最低温度-8℃，从湖南、广西、广东等省引进的永兴中苞红球油茶、软枝油茶程度不同地受到冻害，广宁红花油茶、被完全冻死，而攸县油茶安然无恙。

表3-6 攸县油茶和普通油茶经济性状

种类	单果重（克）	鲜果出籽率(%)	含壳率（%）	含油率（%）		皂化值	碘价	酸价
				种子	种仁			
攸县油茶	2～6	62～70	22	31～37	37～64	187.9	84.7	1.86
普通油茶	2.93～30.65	36.2～46	32～46.89	28.15	37.51	153.44～202.16	51.70～85.45	1.05～2.20

攸县油茶种仁含油率测定时带种皮

（四）抗油茶炭疽病能力比本地油茶强

在南郑区普通油茶有炭疽病，严重的落果率高达50%，而攸县油茶未发现炭疽病。据中国林业科学院亚热带林业研究所病虫室三年人工刺伤接种诱发实验，攸县油茶果实接种炭疽病后基本不表现症状。

（五）植株矮小，分枝紧凑，适宜矮化密植

1973年我们在攸县江南村调查了一块15年生的林地，植株平均高118.1厘米，冠幅平均120平方厘米，平均每丛有13.1株，最多为23株。每亩有近300丛。

在南郑区两河乡栽种的攸县油茶，其中一块面积1.44亩，每亩311株，虽是普通油茶最大密度的4倍多，但依然显得稀疏。攸县油茶每亩栽500～600株为宜。

表3-7 南郑区两河1975—1981年攸县油茶生长状况

测定时间	株高（厘米）	叶片数	基径（毫米）	冠深（厘米）	冠幅（厘米）		产果量（千克/亩）
					东西	南北	
1976年元月	11.8	6.8	3.3				
1977年6月	30.7	28.1	5.4	25.4	19.4	17.5	0.175
1978年10月	63.8		13.2	60.1	33.8	34.7	5.32
1979年6月	84.7		16.7	72.7	47.1	49.2	35.5
1980年7月	99.5		25.7	89.0	57	63.2	20.4
1981年6月	117		26.7	95.8	67.2	72.7	（受灾）

普通油茶果实分布在表层，而攸县油茶内膛外层均结果，形成立体结果，产量高。

（六）春花秋实，比本地油茶晚熟半月，避开了农忙季节，不与农事争劳力

攸县油茶在南郑区1～4月开花，2～3月为盛花期，11月果实成熟，比本地油茶晚熟半个月。本地油茶成熟时正是水稻收获繁忙季节，两者形成争劳现象，而攸县油茶采收在农忙之后，不存在争劳问题。

表3-8　南郑区两河攸县油茶物候期

物候期	抽梢发芽期		芽发育期		花期				果实生长期				假休眠期
	放叶前期	放叶后期	花芽分化期	花蕾期	始花期	盛花期	末花期	终花期	幼果期	长果期	成果期	采果期	
时间（日/月）	下/3-中/4	中/4-下/4	上/5-下/6	下/6-下/12	中/11	上/2-中/3	下/3-上/4	中/4	上/4-上/5	中/5-中/9	上/9-上/11	中/10-下/10	上/11-次年上/2

表3-9　攸县油茶自然生长区和引种区条件比较

发现或引种时间	地名	地理位置		海拔高度（米）	土壤酸碱度	年均气温（℃）	绝对最高气温（℃）	绝对最低气温（℃）	年降雨量（毫米）	无霜期（天）
		北纬	东经							
1958年发现	湖南攸县	27°	113°20′	50～200	微酸性	18	39.6	-6.5	1400	298
1973年引种	陕西南郑	33°	106°57′	500～700	pH5.0～5.8	14.3	36.6	-8	800～900	257
1978年发现	陕西汉阴	26°5′～27°5′	113°～113°5′	500～800	pH 5.6	15	40.1	-10.1	900	260

1976年至1979年2～4月攸县油茶和本地普通油茶一样有软腐病发生，叶片大量脱落。在发病前喷洒200倍波尔多液有一定防治效果。喷洒50%可湿性退菌特600～800倍液，或600倍代森锌液防治效果显著。

1980年至1981年春季软腐病没有发生。

1978年3月在安康、汉阴发现野生攸县油茶，这不仅对选育油茶良种增添了原始材料，同时为湖南攸县油茶在陕南推广提供了依据。唯野生攸县油茶果实太小，结实率低，生产上应用困难。

根据南郑区攸县油茶实验情况，我们建议湖南攸县油茶可在我省秦岭南坡和巴山地区浅山丘陵酸性土壤上扩大试种。攸县油茶还可作为缘篱，美化环境。

二、油茶催芽去根尖快速育苗

据观察，油茶在平均气温 19 ～ 23℃时生长较快，而南郑区 4 月初到 6 月上旬气温变幅基本在这个 范围。

1975 年我们成功地做了"油茶沙壤催芽去根尖快速育苗实验"。实验分为两个部分。

早春三月，取粗沙加水，水的含量为 20%。种子和湿沙比 1：2，种子和湿沙分层埋藏，中间插竹竿或草把通气。催芽期间，要经常翻动种子加水，保持水量稳定。早春气温低，室内要加温，保持室温在 15℃左右。

表 3-10　催芽与催芽去根尖所生幼苗比较

项目\处理种类	叶片数	株高（厘米）		主根（厘米）		侧根数	茎叶重（克）	根重（克）	全株重（克）	根重/株重（%）
		平均	变幅	平均	变幅					
催芽	6.2	9.5	8～11	21.4	19～24	0	1.26	1.66	2.92	57
催芽去根尖	6.6	10.1	7.5～15	5.1	3.5～7	5.2	0.8	2.06	2.86	68

第二，在芽长 2 厘米以上时，将根尖去掉。

油茶根系为轴状根型深根性根系，侧根少，接触土壤面积小，水平分布的细根不密集。由于主根长， 侧根少，毛根少，移栽苗易受不良条件影响，导致死亡，致使移栽成活率不高。催芽去根尖的植株为须状根。去根尖的较催芽未去根尖发育的苗根系发达。1976 年 10 月 1 日移栽 60 株去根尖的苗，1977 年 3 月 1 日检查：有 57 株生长正常，有 3 株脱落少量叶片，成活率达 100%。

大面积育油茶苗，需种量较大，种子沙藏催芽后，用筛子筛种子，猛力摇筛，即可碰断根尖。

三、油茶幼苗移栽期的研究

油茶育苗移栽的优点是：第一，移栽节约种子，直播每亩用种 1.5 ～ 2.5 千克，而 1 千克油茶籽育苗可栽 4 ～ 6 亩。每亩苗床 25 000 ～ 30 000 苗，可上山移栽 400 ～ 500 亩。第二、苗圃集约经营，培育壮苗。第三、移栽苗根系发达，株型好，长势快，易于速生丰产。

群众反映，油茶栽不活。我们认为移栽技术、移栽时期是成活的关键。1976 年在南郑区两河乡白庙林场做移栽时期的研究。移栽地是荒山，坡向东南，栽时垦成土壤宽的梯带，土壤为黄泥土，表土 pH 5.8，含有机质为 2.07%，速效氮 58 毫克 / 千克，速效磷 5 毫克 / 千克，速效钾 99 毫克 / 千克，海拔 630 米，苗龄一年生。

移栽时期，元月至 5 月，9 月到 12 月，每月移栽一次，6、7、8 三月正值炎热伏旱没有移栽。

（一）各月移栽，油茶苗成活状况：

1976 年各月移栽表明，在陕西省南部 2、3 月冷尾暖头移栽油茶成活率较高，下半年秋末冬初雨水较多，10、11 月移栽收效好。其他月，除 6、7、8 三个月伏旱酷暑时间，均可移栽苗，但成苗率不及 2、3、10、11 月。

（二）不同移栽时期油茶苗长势分析：

1977 年 6 月 25 日对各月移栽的油茶苗测量（见表 3–11），结果 5 月以前移栽的植株比 9 月以后移栽的长势好。尤其 2、3、4 三个月移栽的植株，株高都在 30 厘米以上，叶片都在 20 片以上，不仅春梢长，夏梢也发育好。

就上半年各月移栽的植株看，2、3 月移栽的植株春夏梢长而壮实，4 月移栽的植株春夏梢虽长但比较纤细。5 月移栽的植株长的比以前各月移栽的矮得多，平均高度仅有 23.2 厘米。元月移栽的植株生长壮实，分枝部位低，株高比 2、3、4 月移栽的低，春夏梢均不及 2、3、4 月移栽的长。下半年各月移栽的植株相比，以 9、10 月移栽的生长比较好，11、12 月移栽的比较差，11 月份移栽的春梢很短，很少有夏梢，12 月移栽的没有夏梢，春梢很短甚至没有。

1978 年 2～3 月攸县油茶陆续开花，2、3 月移栽的植株开花的多，约有四分之一植株开花，个别植株挂果多达 19 个。下半年移栽的有个别植株开花，但没有结果的。

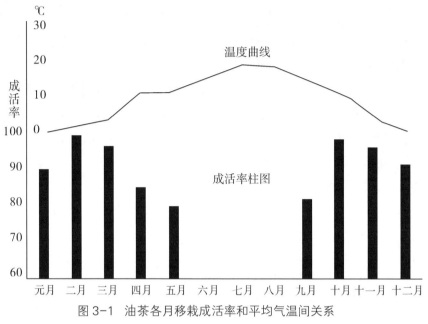

图 3-1　油茶各月移栽成活率和平均气温间关系

表 3-11　各月移栽植株生长状况

生长状况 移栽时间 （月/日）	株高 （厘米）	一级分枝数	冠幅（厘米）		地径 （毫米）	叶片数	春梢长 （厘米）	夏梢 （厘米）
			南北	东西				
元/3	28.8	3.7	19.9	19.9	6.0	36.3	9.0	10.9
2/27	32.5	4.3	19.5	17.5	5.8	37.6	10.1	12.7
3/15	30.7	2.7	19.4	17.5	5.4	28.1	11.8	12.5
4/15	50.5	2.6	15.9	16.1	4.4	24.2	11.6	13.9
5/15	23.2	2.5	14.9	15.8	4.2	28.7	8.2	9.3
9/1	20.6	1.9	15	15	4.3	18.2	6.2	7.2
10/1	19.7	2.7	15.4	14	4.7	19.7	3.8	4.3
11/1	17.1	3.0	15.1	14.8	4.5	19.5	4.1	1.2
12/1	14.0	2.1	14.5	12.4	5.4	13.0	3.3	1.6

四、十三年生油茶树移栽造林

当调整密度过大的油茶林（这种林子在我国很多）群体结构时，要疏挖过密的树，为了用这些树造林，必须进行移栽。而油茶根系为轴状根型深根性根系，移栽不易成活。1977 年我们开始了十三年生油茶树移栽的研究。

（一）材料和方法：

1977 年春季和秋末冬初，我们用疏挖下来的 1964 年直播的油茶树移栽。其品种为普通油茶中比较优良的红球、红桃、红橄榄、红倒卵和青球、金钱等类型。

我们采用的移栽方法是：

1. 修建反坡梯田

梯地坡向东南，外高内低，内修竹节沟，梯面宽 1.7 米，表土层挖深 20 厘米左右，土壤为黄褐土，表土 pH 5.30，含活性有机质 3.01%，含水解氮 57 毫克 / 千克，磷 7 毫克 / 千克、钾 102 毫克 / 千克。

2. 深起苗，多留细根

起苗时，起土直径保持 50 厘米，深挖 50 厘米左右。取出植株不强拔硬扯，以免撕破根皮。一般选阴天或小雨天挖苗，做到随挖、随修、随栽，不晾苗，不栽隔夜苗。

3. 适当修剪枝叶

剪掉四分之三的枝叶，保留 5 ～ 7 根分枝，保护好主茎顶梢、顶芽。成活后及时修枝整形，保持丰产树型。保留叶片的数量，一般每个分枝带 7 ～ 10 张。如 1977 年移栽时，修剪前一级分枝数平均为 13.45，二级分枝数平均为 22.1；修剪后一级分枝数平均为 4.7，二级分枝数平均为 3.0。

表 3–12 移栽树修剪状况

变幅	株高（厘米）	基径（毫米）	冠幅（厘米）				分枝数				根幅(厘米)		侧根数	根长(厘米)	幼果数
			修剪前		修剪后		修剪前		修剪后		长	阔			
			长	阔	长	阔	一级	二级	一级	二级					
最大	114	24	81	88	60	40	25	75	9	6	79	40	11	67	7
最小	48	8	29	17	12	11	7	2	2	0	12	9	3	16	0
平均	71.1	12.5	49.4	40.15	32.75	22.45	13.45	22.1	4.7	3	25.7	19.1	5.75	34.3	0.5

4. 挖大穴，施基肥

定植时株行距 3 米 × 3 米，定植穴深 0.5 米，直径 0.65 米。每穴施油渣 2 两，磷肥 1 ～ 2 两做基肥。把肥料和土拌匀，栽苗时根系不要接触肥料。

5. 栽正、打紧

栽时用黄泥浆蘸根，植株栽正，用表土松埋后提苗，使根系舒展，栽后打紧、踏实。

6. 栽后注意管理

（二）结果：

1977 年、1978 年两年共栽十三年生油茶树为 7 591 株（补植 612 株），移栽造林保留面积 94 亩，移栽成活率达 91.64%。

十三年生树移栽后，生长很快。1980 年移栽平均结果为 75.7 个，多的达 159 个；同龄直播树平均结果 8.2 个，最多 26 个，产量相差 8 倍多。1981 年移栽油茶丰产地亩产茶果 151 千克，单株最高产 4.5 千克，94 亩总计产茶果 2424 千克，做到了速生丰产。

表 3-13　十六年生油茶直播和移栽生长状况

种植方式	树龄	株高（厘米）	基径（毫米）	第一分枝高（厘米）	冠幅（厘米）		分枝数	结果数	春梢长（厘米）
					东西	南北			
1964 年直播	16	102.95	17.1	13.5	50.22	49.8	24.55	8.2	13.15
1977 年 13 年生苗移栽	16	150.25	25	31.93	115.25	120.05	32.1	75.7	17.86

五、油茶山地短穗扦插育苗造林

参考浙江油茶研究所的经验，1977 年我们研究并推广了油茶山地短穗扦插育苗造林技术。

（一）山地短穗扦插育苗技术：

1. 圃地选择

圃地要离水源近，土壤要求是酸性或微酸性。土地深翻施基肥，整平后做成 1 米宽的畦面，表面用黄心土覆盖 6 厘米厚。1977—1979 年，我们的扦插实验苗圃设在海拔 760 米高的山上。

2. 选枝剪穗

扦插枝条选自长势好，产果丰盛，无病虫害的优良类型植株。一般取中上部枝条。春季采用上年枝条，夏季采用当年生半木质化的嫩枝。

选腋芽饱满的枝条，剪成长 3 ～ 5 厘米的插穗，留一芽一叶，上方剪口离节 0.2 厘米，基部削面呈马耳形，剪后用药剂处理，扦插入土深度 2 ～ 3 厘米。扦插后铺上一层粗沙。

3. 插后管理

注意遮阴、洒水、施肥和防冻。遮阴要保持透光度 40% ～ 50%。插后 10 天喷一次 0.1% 的磷酸二氢钾溶液，插床要经常保持湿润。

（一）扦插生根状况：

现以 1978 年春插和夏插为例，说明扦插效果。

春插实验：3 月 2 日采穗处理，3 月 3 日扦插，6 月 11 日统计扦插状况。

表 3-14　1978 年油茶短穗春插状况

处理	插穗状况（100 条中）	生根愈合率（%）
吲哚丁酸（200 毫克 / 千克）	17 株抽梢	91.5
萘乙酸（200 毫克 / 千克）	35 株抽梢	83
2.4-D(200 毫克 / 千克)	81 株抽梢	85
吲哚乙酸（200 毫克 / 千克）	24 株抽梢	80.5
对照	89 株抽梢	77

表 3-15　1978 年油茶短穗夏插状况

处理	生根愈合率（%）
吲哚丁酸（200 毫克 / 千克）	95
萘乙酸（200 毫克 / 千克）	87
2.4-D(200 毫克 / 千克)	81.5
对照	79

（三）扦插效果分析：

1.短穗扦插可保持母树优良性状，大量繁育油茶优良类型苗木。扦插应以春插（惊蛰前平均气温7.9～11.2℃）和夏插（夏至后，平均气温22.6～24.9℃）为主，有保温条件的地区，亦可进行秋插。

2.油茶短穗扦插，以吲哚丁酸、萘乙酸、2.4-D处理效果显著，剂量以100～200毫克/千克浸泡插穗基部1～2厘米24小时为宜。

3.1977年春播油茶籽，1978年10月7日测定实生苗株高55.3厘米，地径0.65厘米，1977年6月23日扦插的油茶，1978年10月7日测定株高为50.8厘米，地径为0.56厘米，扦插苗一年半到两年即可出圃上山定植。

4.扦插生长快，易于速生丰产。1977年3月1日短穗扦插，1981年测定，株高190厘米，冠幅110厘米×115厘米，地径2.6厘米，大分枝65，结果175个。另一株株高203厘米，冠幅150厘米×88厘米，地径2.7厘米，大分枝58个，结果125个。

参考资料

[1]油茶技术资料.全国油茶技术训练班.1977年9月.

[2]考察成果汇编.陕西省生物资源考察队.1974年8月.

[3]南方十四省用材林、油料林基地造林情况座谈会汇报提纲.陕西省林业局.
1977年7月1日.

[4]南郑区林业调查.南郑区林业站.1980年11月.

[5]南郑区1976—1980气象资料.南郑区气象站.

[6]攸县气象资料.攸县气象站.

[7]汉阴县气象资料.汉阴县气象站.

[8]攸县油茶对炭疽病抗病性的测定初报.亚林科技,1978年3期.

[9]中国综合自然区划（初稿）.科学出版社,1959年.

[10]油茶山地短穗扦插.陕西林业科技.1979年5期.

（本文引自陕西省科技成果　1982年鉴定材料）

湖南攸县油茶引种实验初报 *

西北植物研究所　李玉善

　　湖南攸县油茶（*Camellia Yuhsienensis* Hu）又名攸县薄壳香油茶，原产湖南省攸县、安仁一带，属山茶属，为常绿灌木或小乔木。高度一般为 1.5 米左右，高的可达 2 ～ 3 米。树皮光滑，黄褐色或灰白色。侧枝排列紧凑，树冠球形。叶面草绿色，叶背茶褐色，且有明显而散生的黑色小腺点；叶缘锯齿细密而尖，叶先端尖长，叶质粗糙而厚，叶片为倒卵形或椭圆形，叶长 6 ～ 11 厘米，宽 2.5 ～ 6 厘米。花白色较小，柱头不外露，有香味。果形和普通油茶相似，但稍小。果皮和种皮较薄。茶油清亮，且芳香。攸县油茶在国内被视为优良的油茶种群。

一、实验经过

　　1975 年由湖南引进攸县油茶，用沙藏催芽去根尖快速育苗的办法，在西北植物所南郑区汉中实验基地育苗。当年冬汉中绝对低温降到 -8℃，同期播种的大果油茶大部分冻死，而攸县油茶未遭冻害，平均苗高达 11.8 厘米，径粗 3.3 毫米。

　　1976 年，将攸县油茶定植在海拔 630 米的南郑区两河乡白庙村林场。定植地土壤为黄褐土（俗称黄泥土），pH5.8，含有机质 2.07%，速效氮 58 毫克/千克，速效磷 5 毫克/千克，速效钾 99 毫克/千克。荒坡，坡向东南，定植前进行带状整地，带距 1 米。定植株距 1.6 米，每亩约计 267 株。

　　1977 年春有少数植株开花。1978 年 2 ～ 3 月有 1/4 植株开花，少量植株挂果。1979 年 2 ～ 3 月普遍开花，结果植株增加，最多的一株挂果 53

个。1979 年 10 月 26 日采果，1.44 亩共收茶果 7.7 千克，合亩产 5.32 千克，1980 年大量结果，亩产茶果 30.5 千克。

二、实验结果

在同样管理条件下，攸县油茶和普通油茶（*Camellia oleifera* Abel）比较，表现出：

（一）开花结果早

攸县油茶 1976 年定植后，除每年垦复锄草外，仅 1979 年春亩施尿素 2 千克。1978 年产果少量，1980 年即大量结果。比当地普通油茶早开花挂果 3 ～ 4 年（见表 3-16）

表 3-16　6 年生攸县油茶和普通油茶生长、结果情况比较

栽植方式	株高（厘米）	基径（毫米）	每丛株数	冠幅（厘米）		结果情况
				东西	南北	
攸县油茶（移栽）	99.5	25.7	1	57	63.2	30.5 千克 / 亩
普通油茶（直播）	36.5	5.14	4.16	29.4	29.1	0
普通油茶（移栽）	100.8	13.8	3.3	72.8	65.4	少量结果

（二）油质好

与普通油茶相比，鲜果出籽率高 24% ～ 31.8%，出油率高 7.1%。同时，攸县油茶果皮厚为 0.08 ～ 0.19 厘米，而普通油茶果皮厚度为 0.23 ～ 0.41 厘米。攸县油茶的籽壳也比普通油茶薄。攸县油茶的酸价为 1.86，皂化值为 187.9，碘价为 84.7，纯属不干性油（见表 3-17）。攸县油茶榨的油，油脂清香，有光泽。煎炸食品，不起泡沫，食用美味可口。

表 3-17　攸县油茶和普通油茶生长、结果情况比较

油茶种	单果重（克）	鲜果出籽率（%）	含壳率（%）	含油率（%）		皂化值	碘价	酸价
				种子	种仁			
攸县油茶	2 ～ 6	62 ～ 70	22	31.37	37.64	187.9	84.7	1.86
普通油茶	2.93 ～ 30.65	36.2 ～ 46	32 ～ 46.89	28.15	37.51	153.44 ～ 202.16	51.70 ～ 85.45	1.05 ～ 2.20

＊攸县油茶种仁含油率测定时带有种皮

（三）抗寒能力强

引种区的纬度比原产地攸县高 6 度，海拔高（500～700 米）是攸县的 10 倍，年雨量比攸县低 500～600 毫米，年平均气温比攸县几乎低 4 度（见表 3-18）。1975 年冬引种区南郑区持续低温半月左右，12 月 15 日最低温度达 -8℃，从湖南、广西、广东等省引进的普通油茶品种永兴中苞红球和软枝油茶都程度不同的受到冻害；广宁红花茶油被完全冻死，而攸县油茶却安然无恙，且能正常开花结果。这就表明，攸县油茶对变化了的气象因素的适应性是强的。

表 3-18　攸县油茶自然生长区和引种区条件比较

地　名	海拔高度（米）	地理位置		年平均气温（℃）	土壤酸碱度	绝对最高气温（℃）	绝对最低气温（℃）	年降雨量（毫米）	无霜期（天）
		北纬	东经						
湖南攸县	50～200	27°	113°20′	18	微酸性	39.6	-6.5	1400	298
陕西南郑	500～700	33°	106°57′	14.3	pH 5.0~5.8	36.6	-8	800~900	257

（四）抗炭疽病能力强

在南郑区普通油茶的主要病害为炭疽病，严重的落果率高达 50%。而攸县油茶未发现有炭疽病感染。据中国林业科学院亚热带林业研究所病虫室连续三年进行人工刺伤接种诱发实验，攸县油茶果实接种炭疽病后，基本不表现症状。

（五）适于矮化密植

1973 年我们在攸县江南村调查了一块 15 年生的攸县油茶林地，植株平均高 118.1 厘米，冠幅平均 120 平方厘米，平均每丛有 13.1 株，最多为 23 株，每亩近 300 丛。

在南郑区两河乡栽种的攸县油茶，其中一块面积 1.44 亩，每亩 311 株，表现植株小，分枝紧凑，栽植密度为普通油茶的 4 倍多，但依然显得稀疏。普通油茶果实分布在表层，而攸县油茶内膛和外层均结果，形成立体结果，产量高。其适宜的密度可达每亩 500～600 株，宜于矮化密植。

（六）果实晚熟，有利于劳力安排

本地油茶成熟时，正是水稻收获繁忙季节，油茶采摘和水稻收割形成争劳问题。而攸县油茶在南郑 11 月至次年 4 月为花期，2～3 月为盛花期，10 月中旬果实成熟，比本地普通油茶晚熟半个月（见表 3-20），果实采收在农忙之后，不存在争劳问题。

表 3-19 南郑区两河 1976—1981 年攸县油茶生长状况

测定时间（年）	株高（厘米）	基径（毫米）	冠深（厘米）	冠 幅（厘米）	
				东西	南北
1976	11.8	3.3			
1977	30.7	5.4	25.4	19.4	17.5
1978	63.8	13.2	60.1	33.8	34.7
1979	84.7	16.7	72.7	47.1	49.2
1980	99.5	25.7	89.0	57	63.2
1981	117	26.7	95.8	67.2	72.7
1982	118.1	31	109.5	79.2	82.9

表 3-20 南郑区普通油茶和攸县油茶物候期

物候期（旬/月）／油茶种	抽梢发叶期		芽发育期		花 期				果实生长期				假休眠期
	放叶前期	放叶后期	花芽分化期	花蕾期	始花期	盛花期	末花期	终花期	幼果期	长果期	成果期	采果期	
普通油茶	3/下~4/上	4/上~4/中	5/下~7/中	7/上~9/下	9/下	10/上-11/中	11中/-11/下	上/12	3/中~4/中	4/下~8/上	8/上~9/下	10/中	12/中~3/次年中
攸县油茶	3/下~4/中	4/中~4/下	5/上~6/下	6/下~12/下	11/中	2/上~3/中	3/下~4/上	4/中	4/上~5/上	5/中~9/中	9/上~10/中	10/下	11/上~2/次年上

三、问题讨论

（1）根据在南郑区引种攸县油茶的情况，我们建议：湖南攸县油茶可在我省秦岭南坡和巴山地区海拔 800 米以下的浅山丘陵酸性土壤上扩大种植。还可条播作为绿篱，美化环境。

（2）1976—1979 年，攸县油茶和普通油茶同样有软腐病发生，叶片大量脱落。在发病前喷洒 200 倍波尔多液有一定防治效果。喷洒 50% 可湿性退菌特 600 ～ 800 倍液，或代森锌 600 倍液防治效果显著。1980—1981 年软腐病未发生。

（3）1978 年在汉阴、安康、镇巴等地先后发现野生攸县油茶。与湖南攸县油茶相比，野生攸县油茶果小，籽小，产量低，在栽培利用上经济价值不大。但由于它土生土长，适应陕南的气候和土质，是很好的育种材料。

（本文原载《陕西林业科技》1983 年第 1 期）

油茶花期生态学特性及其在生产中的应用

李玉善　　（西北植物研究所）

一、问题的提出

大量研究材料表明，油茶花期不同，坐果期不同，产量亦不相同。油茶植株大都是芽多花繁，据徐琛圭报导，一株 20 年生的油茶树，着花在 20 万朵以上，花的重量达 14.25 千克。由于开花时低温多雨对开花、授粉和受精的影响，实际上油茶结果数只有开花数的 1/10 ～ 1/20，甚至更少。

1976 年全国油茶大减产，引起了油茶科技人员的普遍关注。1976 年全国油茶产量仅为 1975 年的 47.2%。

陕西省南郑区 1976 年产油茶籽 1.25 万千克，仅为 1975 年产量（10.34 万千克）的 11.58%，著名油茶产区南郑区塘口乡 1976 年产油茶籽 5 357 千克，仅为 1975 年产量（67 034 千克）的 8.7%。

为了找出 1976 年油茶产量锐减的原因，我们着重对 1975 年油茶花期生态学特性进行了研究。

二、油茶花期生态学特性

我们统计了南郑区塘口乡 1970 年至 1979 年 10 年的产量，总结了这 10 年油茶盛花期（上旬 /10 月～中旬 /11 月）的花期雨日和花期日均温绘成图表。由图 3-2 分析表明：油茶盛花期降雨日数（≥ 10 mm 天数）的长短与翌年产量的高低呈负相关，即花期降雨日数愈多，则产量愈低。同时表明，油茶花期日均温高，有利于油茶受精结实。

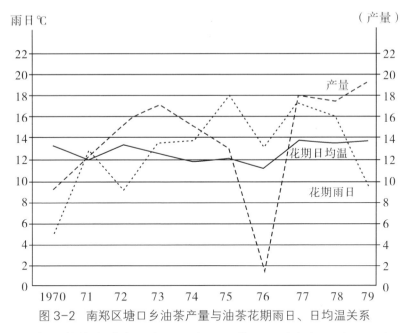

图 3-2 南郑区塘口乡油茶产量与油茶花期雨日、日均温关系

1976 年油茶特大减产，主要是由于油茶开花前气候反常，少有的气温偏高，10 月下旬旬平均温度为 20.1℃，比常年旬平均温度高 3～4℃（油茶始花要求 17℃），致使油茶花期推迟半个月，11 月下旬气温陡然下降，11 月 22 日最低气温为 3.7℃，11 月 23 日最低气温猛降至 -3.6℃，致使油茶盛花期与早霜（14 日 /11 月）相遇，加之阴雨绵绵，持续低温达 80 余天，导致油茶籽大幅度减产。邱金兴等认为，花期不良气候主要通过以下两方面影响油茶产量：

（一）低温霜冻影响油茶开花、授粉、受精，损伤油茶花器

油茶花粉发芽温度为 10～20℃。花粉囊开裂的最适宜温度是 15～25℃。花期阴雨低温、冰冻，花粉囊不能正常开裂，花粉不能正常发芽伸长，柱头黏液和其他物质被冲淡，造成授粉、受精不良。低温冰冻使正开或将开的花瓣冻坏呈水渍状软腐；更甚的是子房受冻脱落。

（二）不良的花期天气影响授粉昆虫的活动

油茶主要靠昆虫进行异花授粉。花期气温与授粉昆虫活动情况，中国林业科学院安吉服务队作了定位观察（见表 3-21）

表3-21 授粉昆虫活动与气温和花期类型关系表

观察日期（月/日）	观察时间	平均最低气温	每小时采访每株油茶花的昆虫只数	花期类型
10.17	12时至16时30分	11.6℃	106～132	早花
11.11	12时至16时30分	7.5℃	48～70	中花
11.27	12时至16时30分	4.4℃	16～32	晚花

三、选择早花类型和春季开花的油茶

一般先要确定安全花期，通常把日平均温度＞10℃终止期定为安全花期的终止期，10℃以下列为非安全期。油茶安全花期，以能满足开花、授粉、受精以及授粉昆虫对温度的要求为依据。根据这个道理，我们采取两个选择措施防止油茶花期受冻。

（一）选择油茶早花类型

我们把陕南油茶按果色果型分成10个类型。小红桃秋分成熟称为秋分籽；橘形霜降成熟称为霜降籽；红桃、红球、青球、青桃、倒卵形、橄榄形、珍珠形、金钱形寒露成熟称为寒露籽。一般年份，秋分籽的盛花期在10月中旬，为早花型；霜降籽的盛花期在11月上旬，为晚花型；寒露籽的盛花期在10月下旬，为中花型。而南郑区早霜期近十年来最早的是14日/11月（1975年），而宁强县最早的早霜期在1日/11月（1965年），因此霜降籽盛花期最易受霜冻为害，而寒露籽的盛花期在气候不太正常时，如1975年冬季低温，也容易受到为害。只有秋分籽小红桃的盛花期处于安全花期之内。

我们对南郑区塘口乡张家湾标准地进行调查统计，各种类型油茶株数和结果数（见表3-22），小红桃占总株数46.7%，占总果数53.4%。说明经过长期自然选择，秋分籽小红桃占绝对优势。

表3-22 南郑区塘口乡张家湾标准地各种类型油茶所占百分率

项目\类型	小红桃	红桃	红球	橄榄	橘形	青桃	青球	金线形	无果
株数（%）	46.7	7.6	30.2	0.76	2.3	1.5	0.76	0.76	8.27
果数（%）	53.4	1.32	24.84	5.21	2.08	3.9	0.2	0.81	0

　　小红桃类型鲜果出籽率为 40.7%，出仁率 64.2%，种仁含油率为 48.0%，种子含油 32.0%，单株观察开花结果率，有的植株高达 45.5%。小红桃油茶从丰产性、茶油质量等多方面分析，在各种类型油茶中是个优良类型。

（二）引种春季开花的油茶

　　近年来我们陆续由湖南、云南、浙江等省引进春季开花的油茶种。攸县油茶、腾冲红花油茶、浙江红花油茶已引种成功，攸县油茶已通过鉴定，并在逐步推广。

　　攸县油茶在陕南于 2～3 月份开花，盛花期在 2 月上旬到 3 月上旬，此时气温不断上升，昆虫活动日益频繁，有利于油茶开花、授粉、受精、坐果，因此移栽后 5 年，平均亩产茶果即达 30.5 千克，而同期移栽的普通油茶，此时还未开始坐果。

　　腾冲红花油茶和浙江红花油茶盛花期在 3 月下旬到 4 月中旬，此时平均气温在 10℃ 以上，盛花期完全处于在安全花期之中，是两个很有希望推广的油茶种。

主要参考资料

[1] 邱金兴 . 试论油茶花期选择 . "油茶科研资料选编" 1980 年 12 月 .

[2] 林少韩，徐乃焕 . 油茶花期生态及结实力的研究 . "林业科学" 1981 年 1 期 .

[3] 李玉善 . 攸县油茶引种研究 . "西北植物研究"，1983 年（增刊）.

（本文原载《陕西林业科技》1986 年第 1 期）

陕南油茶种质资源及其分布的研究

李玉善

（中国科学院西北植物研究所，陕西杨陵 712100）

摘要：陕南是我国油茶分布的北缘，油茶主要分布在秦岭南麓和巴山北麓的浅山丘陵区。陕南普通油茶有 10 个品种类型，是重要的油茶种质资源。攸县油茶、腾冲红花油茶、浙江红花油茶和普通油茶优良品种的成功引种，丰富了陕南油茶种质资源。

关键词：种质资源；普通油茶；攸县油茶；腾冲红花油茶；浙江红花油茶

STUDIES ON RESOURCES OF GERN PLASM AND THEIR DISTRIBUTION OF CAMELLIA IN THE SOUTH OF THE SHAANXI

LI YUSHAN

（N orthwestern Institute of Botany ,Academia Sinica,Yangling Shaanxi 712100）

Abstract：The south of the shaanxi was the north verge of Camellia oleifera distribution ,the C.oleifera be distribute low hill in the north – facing slope of Qingling Mountain and the south–facing slope of Daba Mountain .The C.oleifera in the south of the shaanxi have 10 variety , they are important resources of gern plasm of C. oleifera .C.yuhsienensis Hu,C.reticulata Lindl,C.chekiangoleosa Hu, and fine species of C.oleifera Abel weer succesful inducabound with resources of gern plasm in the south of the shaanxi.

Key words：Resources of gern plasm；C.oleifera Abel；C.yuhsienensis Hu；C.chekiangoleosa Hu；C.reticulatalind1

油茶属和山茶属（*Camellia*）是我国主要的木本食用油料树种。油茶种子油又称之为茶油，色清味香，不饱和脂肪酸含量高达 88.9%，其中亚油酸含量为 12.2%，是优质食用植物油。油茶饼含有油茶皂素，是重要化工原料。陕南是我国油茶分布的北缘，有油茶面积 20 000 公顷 。

陕南油茶林的分布状况

根据陕南亚热带的综合自然条件，陕南可划分为两个油茶林带：

（一）秦岭南坡浅山丘陵油茶林带

海拔 900 米以下，包括勉县、城固、洋县、宁陕、石泉、汉阴、旬阳、镇安、山阳、商南等县。这一带年降水量 800 ～ 900 毫米，相对湿度 70%，年平均温度 13 ～ 14℃，全年无霜期 220 ～ 230 天，年蒸发量 1 400 毫米左右，年日照 1 800 ～ 2 000 时。土壤为山地黄褐土（黄胶泥），黄棕壤（黄泥土），偏酸性。其中汉阴、镇安油茶分布尤为集中，镇安县有上千亩成片的油茶林，生长繁茂结果旺盛。

镇安县庙沟乡有高 5 米，冠幅长宽各 9 米，基径为 46 厘米的大油茶树，依据生长特点和年轮推算，树龄已有 150 ～ 200 年。

（二）巴山北坡浅山丘陵油茶林带

海拔 1 000 米以下，包括南郑、宁强、西乡、镇巴、紫阳、安康、平利、镇坪、白河等县。该带年降水量 1 100 ～ 1 200 毫米，相对湿度 75%，平均温度为 14 ～ 15℃ 。全年无霜期 250 ～ 260 天，年蒸发量达 1200 毫米。年日照 1 600 ～ 2 000 时。土壤为黄泡土（普通黄棕壤），黄胶泥（山地黄褐土），黄泥巴（普通黄褐土），偏酸性。

南郑区是陕南油茶主产区，1978 年全年油茶面积为 3 688.93 公顷，南郑区塘口被誉为"油茶之乡"，平均每人有 2 亩（0.13 公顷）油茶山。油茶生产在乡镇经济收入中占重要位置。塘口乡张家湾 1 号油茶王，树高 7.2 米，冠幅长宽各为 9 米，地径 50 厘米，最高年产茶油 17.5 千克，在全国油茶单株产量名列榜首。

二、陕南普通油茶品种类型和优良单株

（一）陕南普通油茶品种类型

普通油茶（*C.oleifera Abel*），又名茶子树。常绿小乔木或小灌木，高达 4～6 米，树皮淡褐色，新梢棕褐色。单叶互生，革质、柄短，先端渐尖，边缘有较深的锯齿，齿端有黑色骨质小刺，叶表面绿色有光泽，背面黄绿色，侧脉不明显。花白色，两性，无柄，花瓣 5～7 片，雄蕊 2～4 轮排列，花丝花药金黄色。柱头 3～5 裂。果实蒴果，果皮没有细毛。每果有种子 1～10 粒，中轴居中。种子黄褐色或黑褐色，三角状卵形，有光泽。

陕南普通油茶有秋分籽、寒露籽和霜降籽三个品种群，共分小红桃、红桃、红球、青球、青桃、倒卵形、橄榄形、珍珠形、金钱形、橘形 10 个类型（表 3-23）。其中小红桃为秋分籽，鲜果出籽率 40.7%，鲜籽出仁率 64.2%，种仁含油率 48.0%，种子含油 32%，开花和果实成熟比其他类型早半个月，是比较优良的类型。

（二）优良单株

油茶是异花授粉树种，个体之间变异甚多，从混杂的油茶群体中选择优良单株，对于繁育优良品系有重要意义。1975 年以来，按照全国油茶优树选择的标准和方法，经过多年预选、初选、复选和决选，在南郑和安康两县共选择普通油茶优良单株 6 棵。

三、良种引种实验

二十年来在南郑区由全国引种 10 个油茶种，29 个品种或类型，现已试种成功的有攸县油茶、浙江红花油茶、腾冲红花油茶三个油茶种，以及普通油茶中的岑溪软枝油茶、永兴中苞红球油茶、葡萄油茶和风吹油茶 4

表 3-23　陕西省普通油茶的类型及理化性状

品种群	品种类型	果实大小			单果籽数	单果重（克）	单果鲜籽重（克）	鲜果出籽率（%）	物理化学性状						
		纵径（厘米）	横径（厘米）	果皮厚（毫米）					比重（20℃）	折射（30℃）	皂化值	酸值	碘值	出仁率（%）	种仁含油率（%）
秋分籽	小红桃	3.47±0.108	2.64±0.048	2.85±0.24	4±0.494	12.2	4.93	40.7	0.9212	1.4628	153.44	1.99	84.5	64.2	48
寒露籽	红桃	4.55±0.108	3.52±0.054	3.8±0.214	7.6±0.734	27	11.45	42.4	0.9275	1.4721	189.08	2.2	85.45	60	41.05
	红球	4.08±0.12	3.66±0.073	3.95±0.29	6.4±0.5	28.1	11.53	41	0.9195	1.4561	187	1.7	76.43	62	43.4
	青球	3.96±0.117	3.81±0.036	3.7±0.259	7.4±0.67	30.5	13.22	43	0.9259	1.4621	192.88	1.23	84.02	63.1	38.7
	青桃	4.22±0.051	3.49±0.22	3.85±0.26	5.6±0.478	23.3	8.8	37.8	0.9127	1.4702	192.89	4.73	83.61	63.2	42
	倒卵形	0.71±0.071	3.26±0.056	3.55±0.15	4.9±0.234	30.65	13.1	46	0.925	1.4708	190.39	1.4	80.29	53.11	37.57
	橄榄形	4.51±0.134	2.55±0.072	3.05±0.07	3.9±0.434	15.2	5.57	36.2	0.9205	1.4618	189.83	1.3	83.84	68	38
	珍珠形	1.9±0.056	1.93±0.137	2.3±0.17	1.2±0.33	2.93	1.12	38.2	0.9265	1.4668	202.16	2.47	51.7	64.85	40.57
	金钱形	3.13±0.056	3.21±0.054	2.88±0.09	5.25±0.51	18.03	7.43	41.2	0.9123	1.4703	169.5	1.05	85.41	63.1	45
霜降籽	橘形	3.22±0.099	3.7±0.092	4.1±0.32	7.5±0.794	29.8	12.3	41.3	0.9194	1.4678	190.35	1.94	84.76	59	40.57

个优良农家品种。

（一）攸县油茶（*C.yuhsienensis Hu.*）

又名长瓣短柱茶、野茶子、野油茶、薄壳香油茶。主要分布在湖南攸县、安仁一带。

攸县油茶为常绿灌木或小乔木，高达 4 ～ 5 米，侧枝排列紧凑，树冠为圆头形，冠幅小。树皮光滑，黄褐色。单叶互生下垂，革质稍脆，椭圆形，叶背有明显的腺点，锯齿细密尖锐。花蕾纺锤形，花白色，单生于当年枝顶第一到第二节叶腋。每朵花 5 ～ 7 枚花瓣，丛生，雄蕊花丝基部联合成筒状，并与花瓣基部结合，花开放时有橘子香味。柱头三裂，子房有白色茸毛，柱头内藏，不外露。蒴果椭圆形或圆球形，果实有 3 ～ 5 粒种子，果皮上有铁锈色粉末，果皮粗糙，相当薄，熟时 3 ～ 5 裂，攸县油茶每年 2 ～ 3 月盛花，11 月初采摘茶果。

（二）腾冲红花油茶（*C.reticulata Lindl.*）

又名滇山茶、野山茶、野茶花、红花油茶。分布在云南西部高黎贡山，以腾冲县云华一带较多。

常绿灌木或小乔木，高可达 10 ～ 15 米，地径可达 30 ～ 50 厘米，冠幅长宽各 5 ～ 10 米，呈伞形或圆头形。主干灰褐色，小枝红褐色。叶革质，椭圆形，单叶互生，叶缘有细锯齿，叶面浓绿色，叶背有明显的网脉。花两性，花瓣 5 ～ 6 枚，花冠直径大的可达 15 厘米，雄蕊 5 轮排列，花药金黄色，花丝淡黄色，雌蕊柱头 3 ～ 7 裂，一般深裂至花柱的二分之一。花单生于小枝顶端，呈艳红色。子房被毛，蒴果纵径最大可达 10 厘米，横径最大可达 11 厘米。种子褐色。

（三）浙江红花油茶（*C.chekiangoleosa Hu.*）

别名浙江红山茶，分布于开化、丽水、常山、杭州。

浙江红花油茶为常绿灌木或小乔木。树皮灰白色，平滑。单叶互生，革质，边缘向外反卷，有细锯齿，叶面发亮，两面平滑无毛，叶柄粗壮，长 8 ～ 11 毫米。花单生枝顶，为艳丽的红色，苞片 9 ～ 11 个，密生丝状纤毛，萼片 5 枚，花瓣 5 片，雄蕊排列二轮，柱头三裂，子房无毛。

（四）普通油茶

1977 年引进。

1. 广西岑溪软枝油茶分布在广西岑溪、藤县一带，是优良地方品种。产量高，稳产，抗油茶炭疽病。含油率高，油质好。种仁含油 51.37% ～ 53.6%，种子含油 33.7%，油脂酸价 1.06 ～ 1.46，折光指数 1.4672。

2. 永兴中苞红球油茶分布在湖南永兴一带，具有适应性广，抗炭疽病能力强，产量高等特点，成熟时果皮多为红色。油茶果大小中等，果皮坐果率高，结果量多。鲜果出籽率 35% ～ 50%，干籽出仁率 59.6% ～ 65.7%， 种仁含油率 50.5% ～ 5305%，茶籽含油率 33.8% ～ 35.1%。

3. 葡萄油茶是广西桂林地区林业科学研究所选出的优良类型，具有稳产、高产、抗逆性强等特点。油茶果常 3 个丛生在一起，一个果枝上常有四五个果，有的 10 多个。果枝像葡萄那样成串，产量较高，平均鲜果出籽率 40.94%，干籽出仁率 70%，干仁含油率 56.4%，平均出油率 31.88%。

4. 风吹油茶：福建省大田县选育。种后 4 年开花结果，7 ～ 8 年后进入盛果期，鲜果出籽率 38% ～ 40.6%， 干籽出仁率 62% ～ 67%，种仁含油率 41.8% ～ 43.4%，茶果含油率 7.17% ～ 8.74%。

小 结

种质（gern plasm）是决定生物种性，并将其丰富的遗传信息从亲代传递给后代的遗传物质总体。油茶种质资源是泛指已用于或可用于育种的各种栽培、半野生以致野生油茶的总称。陕南广泛栽培的普通油茶是重要种质资源。1975 年以来，选出了陕 750001，陕 750002、陕 750003 和安林 5 号、安林 6 号、安林 8 号 6 棵优良油茶单株。

向荒山要油是我国农业生产的重要决策。油料上山，可腾出大片耕地生产粮食。油茶生长在山上，能提供大量优质食用油。在适宜油茶生长的陕南，可充分利用荒山、坡地依托当地丰富的油茶种质资源，扩大种植引种成功的油茶种和品种，大力发展油茶生产。

主要参考文献

[1] 张宏达 . 山茶属植物的系统研究。中山大学学报（自然科学）论丛，1981.

[2] 李玉善 . 攸县油茶引种研究 [J].西北植物学报（增刊）1983：32-34.

[3] 张宇和，等 . 植物的种质保存 . 上海科学技术出版社，1983.

[4] 李玉善 . 油茶的栽培和利用 [M].陕西科学技术出版社，1986.

[5] 李玉善 . 陕南小红桃油脂累积动态研究 . 经济林研究 [J]，增刊：1987：287-280.

[6] 庄瑞林，等 . 中国油茶 [M].中国林业出版社，1988.

[7] 张仰渠，等 . 陕西森林 [M].中国林业出版社，1989.

[8] 陕西省科学院 . 秦岭生物资源及其开发利用 [M].科学技术文献出版社，1989.

（本文原载《西北植物学报》1991 年第 5 期）

亚热带北缘油茶引种研究 *

薛海兵　李玉善

（西北植物研究所，712100 陕西　杨陵；第一作者：男，29 岁，
研究实习员）

摘要：通过对在南郑区引种的 15 年生油茶的引种观测数据分析，从引种到陕南的 10 个油茶种中，筛选出攸县油茶，浙江红花油茶和腾冲红花油茶等 3 个种，它们挂果早，经济性状优于当地普通油茶。腾冲红花油茶在海拔 700 米以下尚为首次引种。

关键词：亚热带北缘；油茶；引种

分类号：S722.7　S794.4

油茶（*Camellia oleifera*）是我国主要的木本食用油料树种。茶油色清味香，营养丰富，不饱和脂肪酸含量高，是理想的食用油。油茶中的浙江红花油茶，腾冲红花油茶等具有春开花，花大而艳丽的特点，可作为城市花坛、花径、花带、路旁、草地等处观赏优良花卉。

为了扩大陕西省食用油料的来源，实现油料上山、食用油料木本化，从 1975 年起开始对油茶进行引种栽培实验，以找出几种能适应我省气候条件件并有推广价值的优良油茶种。

1. 引种地的自然条件

南郑区两河油茶场位于北纬 33°，东经 106°57′，海拔 500～800 米，年平均气温 14.3℃，极端最高气温 36.6℃，极端最低气温 −11.2℃，≥ 10℃活动积温 4612.4℃，无霜期 226～299 天，年降雨量 800～900 毫米，土壤为微酸性黄褐土。

2.实验材料与研究方法

2.1 实验材料

本次实验的油茶种从 1975 年起由其自然分布区陆续引进，进行实生繁殖，次年栽植于两河乡油茶场。

共引进 10 个油茶优良种，其中普通油茶引进了 3 个品种（表 3-24）。

2.2 研究方法

造林成活率和保存率调查　3 月份上山定植，栽植采用随机区组设计，株行距 3.3 米 ×3.3 米，每个种为 1 个小区，10 株单行小区，区组 3 次重复。定植穴为 60 厘米 ×60 厘米 ×60 厘米。栽植后当年 10 月调查成活率，3 年后调查保存率。

生长量调查　1992 年 7 月，对保存下来的 8 种油茶进行树高、地径、冠幅生长量调查。

生物学习性观察　从 1990—1994 年进行物候期观察；1990 年 3 月对浙江红花油茶、腾冲红花油茶进行了花径统计，调查方法为在盛花期每株选 10 朵花，量其花径，每种油茶选 10 株。

经济性状测定　1993 年 11 月对引种油茶进行含油率、理化性状测定。含油率用乙醚索氏残余法。理化性状按常法测定。

树木生长势　根据生长表现、经济性状和病虫害情况将其分为 3 级，A：生长健壮，经济性状优于当地油茶，无病虫害；B：生长正常，经济性状与当地油茶相当；C：生长量低，不结果，受病虫危害。

3.结果

3.1 生长量及经济性状

从引种油茶成活率、保存率、生长量及经济性状（表 3-25）可知，攸县油茶，浙江红花油茶，腾冲红花油茶表现出比当地普通油茶长势好、挂果早、产量高的特点；越南油茶、多齿红山茶、普通油茶与当地普通油茶长势、经济性状基本持平；博白大果油茶、威宁短柱油茶长势弱且不结果；广宁红花油茶、泰顺粉红油茶无一保存。同时根据引种油茶的酸价、碘价、皂化价可知，引种油茶的油属不干性油脂，清亮有光泽，不起泡沫，美味可口，是高级的食用油。

表 3-24　引种植物概况

种名	形态特征	产地	引种时间及地点
攸县油茶 *C.yuhsiensis* Hu	叶多为宽卵形、椭圆形、边缘密生细锯齿，叶背有明显散生腺点。花白色，柱头一般较短，子房有白绒毛。	湖南	1975 年 湖南攸县
浙江红花油茶 *C.chekiangoleosa* Hu	叶长椭圆形，两面光滑无毛，边缘疏生短锯齿，花芽单生枝顶，花艳红色，苞片 5 枚，有丝状短毛，复瓦状排列。	浙江	1975 年 浙江常山
腾冲红花油茶 *C.reticulata* Lindl.	花单生于小枝顶端，呈艳红色。花瓣 5～6 枚，两面披白色绒毛。	云南	1975 年 云南腾冲
越南油茶 *C.vietnamensis* Huang.	叶缘锯齿上部较密，齿端有不明显的骨质小黑尖，叶缘和叶柄有毛，苞片为复状排列，背面有绒毛。	广东	1976 年 广东
广宁红花油茶 *C.semiserrata* CHi.	小枝粗壮光滑无毛。叶大，叶缘硬质背卷，上半部稍有锯齿，花芽红褐色，全部密披黄褐短绒毛。	广东	1975 年 广东广宁
泰顺粉红油茶 *C.taishunensis* Hu.	小枝银灰色或棕褐色，当年新枝多为紫红色，叶缘有浅锯齿，花芽绿色，卵圆形。	浙江	1975 年 浙江泰顺
多齿红山茶 *C.polyodonta How.ex* Hu	小枝粗短，叶前端突尖呈短尾状，叶缘锯齿密而均匀分布，齿尖骨质黑色，两面中脉明显。	广西	1976 年 广西临桂
博白大果油茶 *C.gigantocarpa* Hu	叶革质椭圆形，锯齿由叶尖至叶基逐疏，齿尖骨质黑色，仅基部反转。苞片前缘有灰白色或淡黄色细毛。	广西	1976 年 广西博白
威宁短柱油茶 *C.weiningensis* Y,K,Li	叶互生，边缘有密而细的锯齿，中脉两面隆起，两面无毛。花无柄而小，苞片和萼片 6～7 枚，无毛，宿存。	贵州北纬18°28′～34°34′	1976 年 贵州威宁
普通油茶 *C.oleifera* Abel.	叶先端渐尖，基部渐窄，上面光亮，芽鳞片鲜时黄绿色，密披银灰色至黄褐色丝状毛。	东经 100°0′～122°0′ 的广阔范围内。	1976 年 广西岑溪、湖南永兴

表 3-25　陕南引种油茶生长量及经济性状

种名	成活率（%）	保存率（%）	株高（米）	胸径（厘米）	冠幅（米）	生长势	挂果年龄	单产油（千克/公顷）	出籽油（%）
攸县油茶	98	98	1.78	5.88	1.93	A	4	330	62～70
浙江红花油茶	92	90	2.13	6.79	2.78	A	5	195	20～30
腾冲红花油茶	90	90	2.43	6.90	2.69	A	6	180	12～25
越南油茶	92	92	1.98	6.02	2.21	B	8	75	18～31
博白大果油茶	88	86	2.08	6.02	1.93	C	—	—	—
威宁短柱油茶	92	90	1.46	4.80	1.73	C	—	—	—
普通油茶	98	98	2.01	6.18	2.31	B	6	120	25～30
多齿红山茶	92	92	1.87	6.23	2.18	B	8	90	12～20
广宁红花油茶	88	0	—	—	—	—	—	—	—
泰顺粉红油茶	92	0	—	—	—	—	—	—	—
当地油茶	88	88	1.74	5.73	1.89		8	90	30

种名	出仁率（%）	仁含油率（%）	籽含油率（%）	酸价	碘价	皂化值	折光率（25℃）
攸县油茶	78	37.64	31.37	1.86	84.7	187.90	—
浙江红花油茶	48～68	50.40～56.60	27.00～34.10	1.00～2.00	79.0	187.08	—
腾冲红花油茶	46～56	54.25～58.94	25.00～32.00	0.70	83.7	121.00	1.4687

续表

种名	出仁率（%）	仁含油率（%）	籽含油率（%）	酸价	碘价	皂化值	折光率（25℃）
越南油茶	54～60	37.96～46.78	21.00～30.61	0.24～1.70	75.0～88.0	194.50～200.00	1.4669
博白大果油茶	—	—	—	—	—	—	—
威宁短柱油茶	—	—	—	—	—	—	—
普通油茶	65～75	41.73～56.20	21.47～33.73	0.80～1.20	91.4	205.00	1.4717
多齿红山茶	56～68	50.00～56.00	21.00～28.00	2.00～4.00	81.0	195.00	1.4679
广宁红花油茶	—	—	—	—	—	—	—
泰顺粉红油茶	—	—	—	—	—	—	—
当地油茶	49～58	33.00～48.00		2.12	90.2	199.00	—

3.2 生物学习性

油茶不仅是油料树种，同时还是优良的观赏树种。从物候期（表3-26）可知，除博白大果油茶，威宁短柱油茶未开花外，其他在陕南都具有冬春开放的特点，尤其是浙江红花油茶，腾冲红花油茶花大而艳丽，其花径统计见表3-27。从表3-26和表3-27可知，浙江红花油茶花为桃红，每年2月中旬至3月下旬开放；腾冲红花油茶是著名的云南山茶的原始种，花为粉红色。它们都春天开花，秋天结果，花大红而艳是很好的观赏品种。

3.3 抗寒性

1978年冬南郑区持续低温半个月左右，12月12日最低温度达-8℃，广宁红花油茶、泰顺粉红油花茶被完全冻死，其他种安然无恙，1992年冬季，在-8℃以下达半个月，都没有发生冻害[3]。

4. 结论与讨论

攸县油茶、浙江红花油茶、腾冲红花油茶挂果早，经济性状优于当地普通油茶，引种较有成效，可在陕南海拔 900 米以下的酸性，微酸性荒山丘陵上推广；越南油茶、多齿红山茶、普通油茶经济性状与当地普通油茶基本相似，其观赏价值和生物意义，有待进一步研究，可以在陕南作为一般性推广；广宁红花油茶、泰顺粉红油茶、博白大果油茶、威宁短柱油茶由于引种地和原产地气候相差悬殊，引种归于失败，而博白大果油茶，威宁短柱油茶可作为种质资源保存下来。

浙江红花油茶、腾冲红花油茶春季开花，花期长且花大而红艳，可在陕南作为城市花坛、花径、路旁、草地的优良花卉品种进行推广。

表 3-26　陕南引种油茶的物候期

种名	萌芽期	花期			花色	果熟期
		初花	盛花	末花		
攸县油茶	2月上旬	3月上旬	3月下旬	4月中旬	白色	10月中旬
浙江红花油茶	1月下旬	2月中旬	3月上旬	3月下旬	桃红	9月中旬
腾冲红花油茶	1月下旬	2月上旬	3月下旬	4月下旬	粉红色	9月下旬
越南油茶	1月下旬	11月下旬	12月中旬	1月中旬	白色	11月上旬
博白大果油茶	1月下旬	—	—	—	—	—
威宁短柱油茶	1月下旬	—	—	—	—	—
普通油茶	1月下旬	9月下旬	10月上旬	12月上旬	白色	10月上旬
多齿红山茶	1月下旬	2月下旬	3月中旬	4月上旬	深红色	9月下旬
当地油茶	1月下旬	10月下旬	11月中旬	12月上旬	白红	9月下旬

浙江红花油茶和腾冲红花油茶引种到陕南后较原产地提前 2 年开花。这两种红花油茶苗期生长较慢，待开花结果后植株生长速度明显加快，认为苗期生长缓慢是由于 ≥ 10℃年积温和雨量都低于原产地，造成苗期生长缓慢；而提早开花结果是由于陕南春季降雨量少，气温回升快，有利于花芽分化，且春季日照时数高于原产地，促使这两种红花油茶生殖生长在幼年期加快，提早开花结果。其更深层原因还有待进一步探讨。

腾冲红花油茶原产于云南西部海拔 2 000 米以上的高山峻谷，为高山峻谷高海拔地区局限性生态幅物种[1]，在陕南引种成功，打破了过去不能将其引种到海拔 700 米以下丘陵地带这一结论。可能对油茶引种理论和油茶生理学具有重要意义，也为腾冲红花油茶向低海拔地带的其他地区引种提供了依据。腾冲红花油茶在陕南引种成功是由于该地区复杂的地形，形成了较好的小气候区域，这为其他物种在陕南的引种也提供了依据。

表3-27　浙江红花油茶和腾冲红花油茶花径

单位：cm

种名	1	2	3	4	5	6	7	8	9	10	平均
浙江红花油茶	19.5	15.5	14.0	15.0	15.5	15.0	14.0	13.5	14.0	13.5	14.95
腾冲红花油茶	9.5	10.0	9.5	10.1	9.5	11.0	9.8	9.1	10.0	9.3	9.58

参考文献

[1]庄瑞林.中国油茶.北京：中国林业出版社，1988.106-255.

[2]中国科学院森林土壤研究所.东北油脂植物及油脂成分测定法.沈阳：辽宁人民出版社，1980.148-158.

[3]陕西省科学院.秦巴山区生物资源开发利用与保护研究.西安：陕西科学技术出版社，1996.155-157.

[4]薛海兵，李玉善.亚热带北缘浙江红花油茶和腾冲红花油茶引种成功.陕西林业科技，1996，（6）:53-54.

Introduction of Oil-tea Camellia North Rim of Subtropical Zone

Xue Haibing　Li Yushan

（Northwestern Institute of Botany，Yangling，Shaanxi，712100）

Abstract: 10 introduced oil-tea camellia species were observed and analyzed in south shaanxi for 15 years , of which Camellia yuhsiensis Hu, Camellia chekiangoleosa Hu. and Camellia reticulata Lindl. Were better. Comparied with the local species, the three ones fruit earlier and have better Economic properties. Camellia reticulata Lindl. Was successfully introduced for the first time to the altitude of less than 700m in south shaanxi hilly region.

Key words: norther rim of subtropics zone; oil-tea camellia; introduction.

（本文原载《西北林学院学报》1998 年第 1 期）

腾冲红花油茶和浙江红花油茶引种初报

李玉善

（中国科学院 西北植物研究所）

1978 年 3 月引进腾冲红花油茶和浙江红花油茶种子，在南郑区两河油茶林场海拔 740 米的山坡上播种。

1983 年开花结果。至今，腾冲红花油茶 14 棵大树，浙江红花油茶 7 棵大树都已进入盛产期。两种红花油茶引种成功，为陕南增添了新的油茶种质资源。

一、红花油茶植物学性状

腾冲红花油茶为常绿乔木，嫩枝黄绿色披毛，叶长椭圆形，长 4.0～9.7 厘米。芽长卵圆形，苞片 7～9 枚，复瓦状排列，表皮被白色绒毛，花单生于小枝顶端，呈艳红色，花径 7.6～9.0 厘米，最大可达 14 厘米。花瓣 5～6 枚，雄蕊多五轮排列，花凋谢时整个花瓣和雄蕊完全脱落，柱头 3～7 裂，深裂至花柱的一半，子房上位披毛。蒴果壳厚木质，果大，果径 3.4～6.0 厘米。平均果重 60～100 克，最大达 250 克。每果有种子 4～16 粒。

浙江红花油茶（ *C.chekiangoleosa* Hu. ）为常绿小乔木。树皮灰白色，平滑；叶长椭圆形，两面光滑无毛，边缘疏生短锯齿；花芽单生枝顶，花艳红色，花径 10～15 厘米，苞片 5 枚，有丝状短毛，复瓦状排列，花瓣 5～7 枚，顶端二浅裂，雄蕊多数成二轮，花丝与花药成丁字形，二室纵裂，子房三室无毛；蒴果皮木质，直径 4～6 厘米，果实基部有萼片宿存，果柄极短，果皮厚 0.4～0.8 厘米，每果有 7～10 粒种子，9 月中旬果熟，多为红色，球形或桃形，一般果重 26 ～ 160 克。

二、红花油茶优良的经济性状

腾冲红花油茶和浙江红花油茶有许多优良的经济性状。

表 3-28 红花油茶花径统计表 1990 年 4 月 3 日

红花油茶	1	2	3	4	5	6	7	8	9	10	平均
腾冲	8.5	10	9.5	10.1	9.5	11	9.8	8.1	10	9.3	9.58
浙江	19.5	15.5	14	15	15.5	15	14	13.5	14	13.5	14.95

（一）红花油茶春天开花，秋天结果，花大红而艳

果实大，宛如红苹果挂在枝头。树形美，枝叶常绿，是很好的观赏树种。腾冲红花油茶是著名的云南山茶的原始种，花为粉红色，在南郑区每年 2 月上旬至 4 月下旬开花。浙江红花油茶花为桃红或大红，每年 2 月中旬至 3 月下旬开放。初春时节，腾冲红花油茶和浙江红花油茶花朵竞相开放。满树红花，春意盎然，煞是喜人。

（二）红花油茶抗寒能力强

腾冲红花油茶和浙江红花油茶引种到南郑，历经了 1992 年冬季 -8℃低温长达半个月的考验，没有发生冻害。浙江红花油茶在原产地即可耐 -13℃的低温。

表 3-29 腾冲红花油茶和浙江红花油茶自然生长区和引种区条件比较

测定项目地区	海拔（米）	经纬度		> 10℃ 年积温	气温（℃）			雨量（毫米）	无霜期（天）	土壤状况
		东经	北纬		平均	最高	最低			
腾冲	1700 ～ 2300	98°5′ ～ 98°45′	24°28′ ～ 25°50′	5000℃	15℃	30℃	-5 ～ -7℃	1500	280 ～ 330	微酸性红黄壤
浙江	600 ～ 1200	118°30′ ～ 119°	28°30′ ～ 29°10′	5100 ～ 5600℃	6 ～ 21℃	39℃	-7 ～ -13℃	900 ～ 1 800	230 ～ 270	酸性红壤
南郑	500 ～ 800	106°57′	33°	4612.4℃	4.3℃	36.3℃	-8℃	800 ～ 900	226 ～ 299	微酸性黄褐土

（三）红花油茶油质好，产量高

腾冲红花油茶茶油为腾冲主要食用油. 在产地有单株产果上百千克（折油 30 千克）的太村。浙江红花油茶，油脂中粗脂肪含量达 65.57%，脂肪酸中油酸含量 78.73%，亚油酸含量 9.15%，不含芥子酸，是较高级的食用茶油。

表 3-30　腾冲红花油茶和浙江红花油茶经济性状

测定项目 红花油茶种	单果重（克）	出籽率（%）	出仁率（%）	含油率（%）		理化性状			
				种子	种仁	酸价	碘价	皂化价	折光指数（25℃）
腾冲	60～100	15～25	46～56	25～32	54.25～58.94	0.70	83.70	121.00	1.4687
浙江	30～160	20～30	48～68	27～34	50.4～56.6	1～2	79	187.08	—

（四）红花油茶适应南郑区的风土，可以速生

南郑区引种的腾冲红花油茶和浙江红花油茶均较原产地提前两年开花。红花油茶苗期生长较慢，待开花结果后植株生长速度明显加快。

表 3-31　红花油茶 15 年生植株平均状况　1992 年 7 月

红花油茶	株高（厘米）	基径（厘米）	冠幅（平方米）	枝下高（厘米）	树形
腾冲	2.43	6.9	2.69	13.6	宝塔形
浙江	2.13	6.79	2.78	18	圆头形

表 3-32　浙江红花油茶苗期生长状况　1994 年 11 月

项目 苗龄	株高（厘米）	茎粗（毫米）	叶片数	分枝数	春梢长（厘米）	秋梢长（厘米）
一年生	8.8	2.0	6.6			
二年生	23.6	4.2	8.2	0.7	12.3	7.0
三年生	43.0	6.2	12.8	0.7	15.98	

三、问题讨论

陕南自 1970 年以来曾引进广宁红花油茶、泰顺红花油茶和腾冲红花油茶、浙江红花油茶等四种红花油茶。广宁红花油茶南郑区曾一次引进 1 000千克种子，但由于引种地和原产地气候相差悬殊，引种归于失败，至今还残存少量植株，或根本不开花，或开花不结实。腾冲红花油茶和浙江红花油茶引种到南郑区已过去 18 年，至今生长繁茂，开花结实正常，引种是成功的。目前虽栽种 10 亩，但由于经费等的限制，发展是缓慢的。腾冲红花油茶和浙江红花油茶是优良的观赏和油用油茶种，期望有关部门给以支持，使这项成果充分发挥经济、生态和社会效益。

参考文献

[1] 庄瑞林 . 中国油茶 [M]. 北京：中国林业出版社 . 1988.

[2] 刘洪谔 . 红花油茶增产技术研究 [J]. 林学院学报，1988；5（3） 259-265.

（本文原载陕西科学技术出版社 1995 年出版图书
《秦巴山区生物资源开发利用和保护研究》）

亚热带北缘浙江红花油茶和腾冲红花油茶引种成功

薛海兵　李玉善

（西北植物研究所，陕西杨陵 712100）

浙江红花油茶和腾冲红花油茶不仅含油率比普通油茶高出 5% ～ 10%，同时，其花大红艳，初春开花花期长，具有较高的观赏价值。我们于 1978 年 3 月从浙江、云南引进浙江红花油茶和腾冲红花油茶，栽植在南郑区两河乡，1983 年开花结果。现将其生态特性及栽培生长状况作一介绍。

一、引种地的自然条件

南郑区两河油茶场位于北纬 33°，东经 106°57′，海拔 500 ～ 800 米，年平均气温 14.3℃，极端最高气温 36.6℃，极端最低气温 −11.2℃，≥ 10℃ 活动积温 4 612.4℃，无霜期 226 ～ 299 天，年降雨量 800 ～ 900 毫米，土壤为微酸性，黄褐土。

二、生物学与生态学习性

浙江红花油茶和腾冲红花油茶的花为两性花，一朵花从蕾裂到花萎，历时 6 ～ 8 天。一树花全开历时 40 ～ 60 天。浙江红花油茶和腾冲红花油茶物候期见表 3–33。

表 3–33　浙江红花油茶和腾冲红花油茶的物候期

种名	萌芽期	花期			果熟期
		初花	盛花	末花	
浙江红花油茶	1 月下旬	2 月中旬	3 月上旬	3 月下旬	9 月中旬
腾冲红花油茶	1 月下旬	2 月上旬	3 月下旬	4 月下旬	9 月下旬

浙江红花油茶的果实为蒴果，皮木质，直径4～6厘米，果实基部有萼片宿存，果柄极短，果皮厚0.4～0.8厘米，每果有7～10粒种子，果实多为红色，球形或桃形，一般果重26～160克；腾冲红花油茶的果实为蒴果，壳厚木质，果径3.4～6.0厘米，平均果重60～100克，最大达250克，每果有种子4～16粒。

浙江红花油茶喜温暖湿润气候，要求酸性土壤、土层深厚的山地黄壤和黄红壤。腾冲红花油茶喜温凉湿润的高山气候，幼林阶段喜适当庇荫，在郁闭度0.3～0.4的荫蔽条件下生长良好，结实期间则需要一定光照条件，故宜在开阔的半阴坡或阳坡、土层深厚肥沃、排水良好的微酸性红壤或黄壤上生长。

三、两种红花油茶生长状况

南郑区引种的浙江红花油茶苗期生长状况见表3-34。

表3-34 浙江红花油茶苗期生长状况 （1994年11月）

项目	株高（厘米）	茎粗（毫米）	叶片数	分枝数	春梢长（厘米）	秋梢长（厘米）
1年生	8.8	2.0	6.6			
2年生	23.6	4.2	8.2	0.7	12.3	7.9
3年生	43.0	6.2	12.8	0.7	16.0	

红花油茶苗期生长较慢，待开花结果后植株生长速度明显加快，且浙江红花油茶和腾冲红花油茶均较原产地提前两年开花，其15年生植株平均生长状况与南郑区当地普通油茶生长状况对比见表3-35。

表3-35 红花油茶与普通油茶15年生植株平均状况 （1992年7月）

油茶	株高（米）	基径（厘米）	冠幅（平方米）	枝下高（厘米）	树形
浙江红花油茶	2.13	6.79	2.78	18.00	圆头形
腾冲红花油茶	2.43	6.90	2.69	13.60	宝塔形
普通油茶	1.86	4.11	1.92	10.11	圆头形和开心形

四、栽培技术

1. 繁殖方法

采用播种法和扦插法，并以播种法为主。

（1）播种法

通常以 3 月播种为主，也可进行冬播。冬播则要防鼠害。春播前 25 天浸种 2～3 天，沙床催芽 18～22 天，然后播于圃地。条状点播，株行距以 10 厘米 ×20 厘米为宜。覆土厚 1.5～2.0 厘米，稍加镇压。当长出 3～5 片真叶时，用铁铲斜插入地表土下 10～15 厘米深处，切断主根，以促使侧根生长。

（2）扦插法

插穗最好选取树冠中上部外围的枝条。枝条要求是粗壮通直，腋芽健全，叶片完整的当年生春梢或夏梢，尤以当年生刚木质化的春梢最好。扦插前，要细致削穗，每穗带 1～2 片叶，长 3～5 厘米。插穗应用生长激素处理。扦插时间以 5 月底至 6 月为好。为避免插穗失水影响成活率，宜在上午 10 时以前，下午 3 时以后光照较弱时进行。

2. 田间管理

栽植前先在穴底放些肥料，再填一些表土，栽好踏实后，上覆一层松土，盖些杂草，以减少水分蒸发。生长期每年松土除草两次，直至成林。

3. 病虫害防治

陕南主要的病害有油茶炭疽病、油茶软腐病；主要的虫害有油茶毒蛾、油茶尺蠖、茶梢蛾。防治应采取"预防为主，综合防治"的方针，加强油茶园管理，合理施肥，增加树体抗逆能力，同时保护害虫天敌辅以药剂防治。

五、小结

（1）引种栽培试验表明：浙江红花油茶和腾冲红花油茶生长良好，开花结实正常，且较原产地提前两年开花。尤其是将云南西部海拔 2 000 米以上的腾冲红花油茶引种成功，打破了过去不能将其引种到海拔 700 米以下的丘陵地带这一结论，为陕南增添了新的油茶种质资源。

（2）浙江红花油茶和腾冲红花油茶不仅种仁含油率高，油质好，且花大红艳，冬春开花花期长，近年已被人们作为装饰城市花坛、花径、花带、路旁、草地的优良花卉。

（本文原载《陕西林业科技》1996 年第 4 期）

第四部分

油茶油脂和皂素形成规律的研究

1. 普通油茶油脂形成规律的研究

2. 普通油茶皂素累积动态的初步研究

3. 陕西小红桃油脂累积动态研究

4. 攸县油茶皂素积累和油脂形成关系的研究

普通油茶油脂形成规律的研究

张文徽　李玉善　魏明山

本文对普遍油茶在果实生长发育过程中，种子油脂的形成与积累，油的脂肪酸成分的变化规律，以及油的化学性质的变化进行了研究。

普通油茶，属于山茶属油茶的一种。广泛分布于我国的江西、湖南、广西、广东、浙江、福建、安徽、贵州、云南、河南、湖北、四川、陕西、江苏、台湾等省（区）。栽培历史悠久。是我国重点发展的木本油料植物之一。在日本，东南亚等国家也有油茶分布，但在数量上远不及我国，而且都只作观赏。只有我国作为油用。其种子富含优质食用油，称为茶油。为了发展油茶生产，掌握其油脂形成的客观规律，提高含油率，我们对陕南分布的普通油茶在不同时期果实的生长发育状况，种子中油脂形成与积累的动态特征，果实成熟过程中种子油的脂肪酸成分的变化规律，以及油脂的主要化学性质的变化情况进行了研究。为生产实践提供参考依据。并在理论上确定该种植物油脂形成过程的类型。初步探讨某些脂肪酸成分变化的关系，为植物油脂形成的研究提供基础资料。

材料与方法

试验材料系采自陕西省南郑区两河乡。于七月初（幼果期）起至十月份（果熟期）止，每月取样一次。选择生长良好，有代表性的植株，按树冠的不同部位多点采样。

每次采鲜果量 1 000 克左右。擦净称重。按大小平均取果 50 个，测量果实大小（以纵径与横径之长度表示）和鲜重。分别测量果皮、种子、种仁的鲜重与水分等。从鲜果中制取种子与种仁。以 30 ～ 60℃石油醚，索式抽提法提取种子油与种仁油，以索氏秤油法测定种子与种仁之含油率。

用硫酸—甲醇法制备脂肪酸甲脂，气相色谱法测定脂肪酸成分，各种脂肪酸的百分组成是以其色谱峰的面积按归一法定量。按常法测定酸值，皂化值（皂化时间为两小时），用韦氏法测定碘值。

结果与讨论：

一、不同时期果实的生长发育与油脂形成积累动态

表 4-1　不同时期果实生长发育状况及其含水率与含油率

取样日期（年/月/日）		果实大小 cm		平均单果重	果皮与种子鲜重比	含水量		含油率（%）（干基）		含油率增长速度
		长	宽			种子	果皮			
1979年	4/7	1.7	1.4	2.88克	18.5：1	67.50	65.72	种子	—	—
	8/8	2.6	2.0	7.78克	1.8：1	81.66	64.00		1.76	1.76 约240天
	8/9	6.3	2.8	13.38克	1.4：1	68.31	68.43		18.00	16.06 约31天
	8/10	8.1	2.8	12.61克	1.3：1	57.42	45.19		34.25	16.23 约32天
1980年	1/7	2.5	1.0	5.74克	18.3：1	84.06	40.96	种仁	0.72	0.72 约210天
	1/8	3.0	2.5	10.44克	8.3：1	果皮与种仁比 56.78			4.20	5.48 约31天
	1/9	3.4	3.1	16.00克	4.8：1	种仁	57.76		33.26	29.06 约31天
	15/10	3.8	2.8	12.86克	3.8：1		50.00		50.14	16.88 约45天

由表 4-1 可以看出：7 月初茶果较小，果重很轻，果皮所占比例相当大，种子所占比例很小，此时种子的发育尚不完善，幼嫩柔软，内容物黏稠状，无明显的仁，种皮不发达，种皮与内容物无明显界线，种子含油率较低。至八月初，果实显著增大，鲜果重增高 1～2 倍，果实水分增高，果皮所占比例显著减小，种子所占比例增大，此时种子已发育完全，种皮栓质化，种仁形成，但种子含油率仍然很低。在八月份以后，茶果继续增大，鲜果

重继续增高，但含水量明显下降，果皮所占比例继续减少，种子所占比例继续增大，种子与种仁含油率继续增高。至十月果实成熟时，由于果实增大停止，水分继续降低，因而果实大小与鲜果重反而低于九月，然而种子与种仁之含油率仍然继续增高，并达到最高值。以上结果表明：普通油茶从第一年 10 月底～11 月初开花坐果至第二年 7 月长达 9 个月左右的时间里，主要是进行果实的生长发育，油脂的形成与积累很少。从果实大小的月平均增长速度来看，从第一年 11 月～第二年 6 月期间果实增大总值之月平均增长速度慢，7～9 月果实增长速度加快，其中以 7 月为果实增大速度最快时期。至 9 月以后果实停止增大。与此同时，在 8～10 月种子大量形成并积累油脂，其中以 8 月为油脂形成与积累最快时期，至果实成熟时达到最高值（图 4-1）。因此，7，8 月是其生长的关键时期，这为"七月长球、八月长油"的实践经验提供了理论依据。由于果实的生长和油脂的形成与土壤的水分、肥力有密切关系，因而在这个时期要因地制宜加密水肥管理措施，以促进果实增大与油脂的形成与积累。又因在果实成熟时油脂的形成与积累达到最高值（图 4-1），因而不宜提前收获未成熟的茶果，以免造成油茶含油脂量减少。

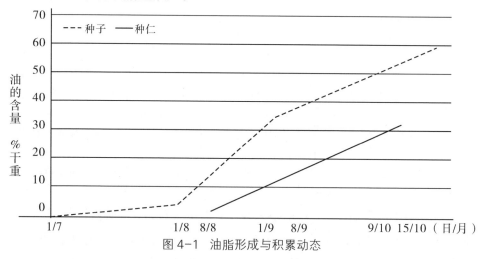

图 4-1　油脂形成与积累动态

二、不同时期种子油的脂肪酸成分的变化

由表 4-2 中可以看出：普通油茶种子油脂肪酸成分，在幼果期（7 月份）

共有 7 种，其中以棕榈酸含量最高（29.6%），其次是油酸（19.7%），亚油酸（15.2%），亚麻酸（15.6%）以及少量的棕榈油酸（6.2%）与十六二烯酸（6.9%），硬脂酸（6.9%）。但在果实成熟过程中，油酸成分大幅度增高，至果实成熟时达到 76.7%；亚油酸成分则略减少，但总的变化幅度不大，在 12.2%～15.2% 之间，与此相反，亚麻酸、棕榈酸成分均大幅度下降，十六二烯酸、棕榈油酸、硬脂酸成分均逐渐减少，而且在 9 月时亚麻酸已消失，在果实成熟时十六二烯酸消失，棕榈酸仅有微量存在，硬脂酸成分很少（1.6%）。此外，在 8 月有少量二十烯酸形成，但到 9 月却消失，同时有微量花生酸形成，直至果熟期仍有微量存在。因此，果熟期普通油茶种子油的脂肪酸成分为：油酸 76.7%、亚油酸 12.2%、棕榈酸 9.4%、硬脂酸 1.6%，棕榈油酸与花生酸微量。因此该油是一种以油酸为主要脂肪酸成分的不干性油类。

表 4-2 不同时期种子油的脂肪酸的百分组成（1979 年）

取样日期	棕榈酸	棕榈油酸	十六二烯酸	硬脂酸	油酸	亚油酸	亚麻酸	花生酸	二十烯酸	饱和脂肪酸	不饱和脂肪酸
4 / 7	29.6	6.2	6.9	6.9	19.7	15.2	15.6	0	0	36.5	63.6
8 / 8	30.8	1.9	3.87	1.7	19.1	7.5	2.2	0	2.9	32.5	67.4
8 / 9	10.0	微量	微量	1.1	75.7	13.1	0	微量	0	11.1	88.8
9.10	9.4	微量	0	1.6	76.6	12.2	0	微量	0	11.0	88.9

上述种子成熟过程中，油的各种脂肪酸成分的消长，可以初步探讨该种油脂不同脂肪酸成分的变化关系。如：在幼嫩种子的油中，棕榈酸与油酸的百分比含量比较高，说明它们很可能是同时形成的。又如：在种子成熟过程中，棕榈酸等饱和脂肪酸大幅度下降，亚油酸略有下降，而油酸大幅度增高，说明油酸可以通过亚油酸的加氢作用与饱和酸的脱氢而获得。又如：在种子成熟过程中二十六烯酸从无到有，以后又消失，同时出现花生酸，说明花生酸很可能是由二十烯酸形成的。由于取材间隔时间较长，还有待于进一步研究。总之，从以上结果可以看出饱和脂肪酸与不饱和脂肪酸往往是同时形成的，而且它们之间还可以互相转化。该结果与 H、N、沙拉波夫（1959）关于油脂形成过程中的总图式相一致。关于亚麻酸、

十六二烯酸成分的消失，与其他脂肪酸的形成与酸化关系等问题，也有待于深入研究，进一步阐明。

上述普通油茶种子油脂肪酸合成过程的动态特征，根据 H、N、沙拉波夫脂肪酸合成过程的动态特性，为油脂肪形成过程所划分的两种类型—复杂类型与简单类型，普通油茶种子油的形成过程属于复杂类型。

气相色谱分析条件

固定液：丁二酸乙二醇 10%

气化室温度：220℃

担体：101 白色担体 40 ～ 60 目

检测室温度：205℃

柱长：3 米

气流速度：H 50 mil ／分　　He 30 mil／分

载气：氮气

检测气：氢气

空气：600 mil／分

柱温：195℃

柱前压力：0.6 kg／cm^2

气相色谱仪：上海分析仪表厂 100 型

三、不同时期油的化学性质的变化

（1）从幼果期到果熟期，油的酸值由高到低变化，其特点是：在 9 月果实虽然并未成熟，但酸值已经降到 2 左右，接近于最低值，果熟期酸度最低，为 1 左右（表 4-3）。这说明在九月以后，该油中的游离脂肪酸的含量已经相当低。该结果与 9 月以后的油脂形成的活性降低相一致（表 4-1）。油茶的酸值相当低，这也是它不容易被氧化腐败变质，能够久存的原因之一。

表 4-3 不同时期油脂的化学常数

样品名称	取样日期（年、月／日）		酸值	碘值	皂化值
种子油	1979 年	8 ／ 9	2.68	92.87	152.17
		9 ／ 10	1.25	93.0	153.62
种仁油	1980 年	1 ／ 8	8.06	—	
		1 ／ 9	1.36	—	
		15 ／ 10	0.48	—	

（2）在 9～10 月该油的碘值没有显著变化（表 4-2），该结果与 9～10 月份油的不饱和脂肪酸含量对比没有显著变化（表 4-2）。

（3）在 9～10 月的皂化值略有增高，变化范围在 152～154 之间（表 4-3）。

小 结

一、不同时期果实的生长发育状况与油脂形成与积累的动态特征表明：普通油茶果实生长的最快时期为七月，油脂形成与积累的最快时期是八月。因此七、八月是其生产的关键时期。该结果为"七月长球、八月长油"的实践经验提供了理论依据。

二、气相色谱分析结果，普通油茶种子油的脂肪酸组成为：油酸 76.7%、亚油酸 12.2%、棕榈酸 9.4%、硬脂酸 1.6%、棕榈油酸和花生油酸微量。

三、在果实成熟过程中，种子油的脂肪酸合成过程的动态特征表明：普通油茶种子油脂的形成过程属于复杂类型。

参考文献

[1] 李振纪 . 油茶 [M]. 农业出版社，1980，1-7

[2] 西北植物研究所，兰州大学，西北油脂植物 [M]. 陕西人民出版社，1977，168

[3] 沙拉波夫，H N.（华南植物研究所组译，1965）油料植物及油的形成过程科学
出版社，1959

STUDY ON THE RULE OF OIL FORMATION OF CAMELLIA OLEIFERA ABEL

Zhang Wen-cheng， Li Yu-shan， Wei Ming-shan

（ *Northwest institute of Botany* ）

Abstract: In the present work, We have studied the formation and accumulation of the oil , The variations of fatty acid and the chemical nature of the seeds oil of Camellia olefera Abel. During the growth and development of fruits.

（本文原载《西北植物研究》1983 年第 3 期）

普通油茶皂素累积动态的初步研究

李玉善 汪建文

（西北植物研究所）

THE PRIMARY STUDIES ON THE MOTION OF SAPONIN ACCUMULATION OF CAMELLIA OLEIFERA ABEL

Li Yushan and Wang Jianwen

（ *Northwestern Institute of Botany* ）

本文研究了油茶在生长发育期间，种子和果壳皂素累积动态以及种子皂素和油、脂肪酸累积之间的关系。

油茶属于山茶属，油茶籽除含有油脂外，并含有 20% 左右的粗皂素。油茶皂素为三萜类皂甙，具有一般皂甙类的通性，味苦而辛辣，刺激鼻黏膜引起喷嚏，有较强的吸湿性，它的水溶液具有很强的起泡力，泡沫持久稳定，且不受水质硬度的影响，茶皂素有较高的溶血性和鱼毒性。

关于油茶皂素累积动态的研究，在国内未见报道。为了开发利用油茶皂素资源，近年来我们对油茶皂素累积动态作了研究。

材料和方法

试验材料取自陕西省南郑区两河乡油茶林场。在油茶花蕾形成期（7月）、长果期（8月）、成果期（9月）、采果期（10月），从油茶林中采摘普通油茶陕西小红桃类型茶果，选有代表性的植株，按树冠不同部位多点采样。

表4-4　不同生育期果实和种子状况

采样日期		13／7	13／8	13／9	1／10	11／10
果实	长	21.39 ± 2.77	26.8 ± 2.74	25.74 ± 1.14	24.42 ± 1.81	
	宽	17.83 ± 2.3	24.18 ± 2.81	21.44 ± 1.05	20.91 ± 1.99	
鲜果平均重		3.83	8.85	6.56	5.35	
果皮与种子鲜重比		10.5:1	1.61：1	1.73：1	1.57：1	
种子	水的含量（％）	81.53	74.81	57.59	46.99	
	油的含量（％）	4.16	7.21	10.72	29.30	33.07
	粗皂素含量（％）	44.38	29.02	23.62	21.55	19.49

　　每次采样1千克，洗净擦干称重。随机取20个茶果，测量果实大小和鲜重。以沸程30～60℃石油醚，用索氏抽提法提取种子油，以失重法称量种子含油率。每次设两个重复，每个重复称1～1.5克粉碎的种子。

　　种子用氢氧化钾—甲醇快速酯化法制备脂肪酸甲酯，用气相色谱法测定脂肪酸成分，使用岛津GC-7 A气相色谱仪。各种脂肪酸的百分组成以色谱蜂的面积，按归一化法定量。

　　测定含油率后的残渣要烘干，继续用95%甲醇，以索氏抽提法提皂素，用失重法称量种子粗皂素率。果壳含油率、含粗皂素率的测定方法和油茶种子的测定方法相同。

一、结果和讨论

　　不同生育期果实生长状况和油茶种子油脂、粗皂素累积动态由表1可知，7月中旬采的油茶果，幼果较小，果皮较厚，种子占的比例小，种皮不发达，种子内容物黏稠状，无明显的仁，种子含油率仅为4.16%，含粗皂素率高达44.38%。8月中旬采的果，茶果显著增大，此时种皮木栓化，种仁形成，含油率增高，皂素含量显著下降。9月果实继续增大，果皮所占比例减少，种子所占比例增大，种子含油率和含粗皂素率之间呈相反趋势发展。10月果实成熟，果实上茸毛脱落，果壳发亮，含油率较高。收后

10天左右，种子含油率稍有增长，含粗皂素率又有减少（见图4-2）。

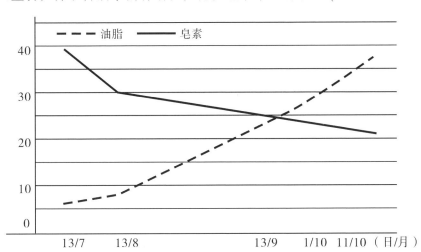

图 4-2 种子皂素和油脂积累动态

二、油茶果壳粗皂素和油脂累积动态

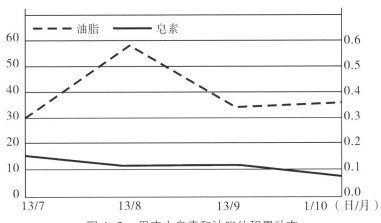

图 4-3 果壳中皂素和油脂的积累动态

由图4-3可以看出，油茶果壳含油率较低，含粗皂素率较高。花蕾形成期（7月），果壳含油率为0.302%，含粗皂素率16.184%；长果期（8月），果壳含油率0.549%，含粗皂素率12.912%，成果期（9月），果壳含油率为0.351%，含粗皂素率12.634%。采果期（10月），果壳含油率为0.371%，含粗皂素率为10.236%。可知，油茶果壳中含油率随着茶果生长变化不大，一般都在0.3%左右，而果壳中油茶粗皂素百分含量，随着茶果生长逐步降低，在采果期，含粗皂素率一般在 10% 以上。说明由油茶果壳直接提取皂素，不仅做到废物利用，同时省去一道提油工艺，对油茶皂素生产发展有重要意义，可大大提高经济效益。

三、油茶种子粗皂素和油中脂肪酸累积间的关系

由表 4-5 可以看出，油茶种子油中脂肪酸由油酸、亚油酸、亚麻酸、棕榈酸、棕榈油酸、硬脂酸、豆蔻酸和二十烯酸，八种成分组成。其中油酸含量在花蕾形成期（7 月）只有 37.4%，而到长果期（8 月）增至 57.5%，成果期（9 月）增至 77.8%，采果期增至 78.5%，经后熟期又增至 81.4%。茶油实质上是油酸组成的不干性油。油酸的积累与种子油的积累是一致的。而亚油酸的百分含量随着生育期的进程在逐步减少。在花蕾形成期亚油酸含量 34.4%，长果期减少至 25.7%，成果期减少到 11.9%；采果期减至 9.2%。经后熟又减少到 9.0%。它的减少与油茶皂素随着生育期的进程而减少，有相同的趋势（见图 4-4）。

表 4-5 不同生长发育时期种子油脂肪酸组成（1985）

采样日期	豆蔻酸	棕榈酸	棕榈油酸	硬脂酸	油酸	亚油酸	亚麻酸	二十烯酸
13／7	微	21.1	1.4	少量	37.4	34.1	5.8	微
13／8	微	11.5	微	0.7	57.5	25.7	1.5	微
13／9	微	9.3	微	0.9	77.8	11.9	少量	微
1／10	微	9.3	0.1	1.9	78.5	9.2	0.4	0.5
11／10	微	9.3	微	少量	81.4	9.0	0.2	微

小 结

一、油茶生长随着年生育周期的进程，油茶籽油脂的百分含量不断增高，幼果期含油率最低，茶果充分成熟时含油率达到最高。相反油茶种子皂素百分含量随着年生育周期的进程不断降低，幼果期皂素的百分含量最高，茶果充分成熟时皂素百分含量最低。

二、油茶果壳含油率很低，随着年生长发育周期的进程，油脂百分含量变化

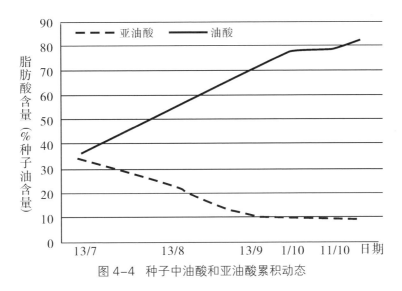

图 4-4　种子中油酸和亚油酸累积动态

不大。而果壳中皂素百分含量较高，皂素含量随着年生长发育周期的进程不断减少。幼果期果壳中皂素的百分含量最高，果实充分成熟时皂素百分含量最低。

　　三、油茶种子油主要由油酸和亚油酸组成，茶油中油酸百分含量随着年生育期的进程不断提高，和种子含油率增长的趋势是一致的，而茶油中亚油酸百分含量随着年生育周期的进程不断降低，和种子中皂素百分含量减少的趋势是一致的。

　　四、油茶种子榨油后，残渣中仍含有皂素淀粉、蛋白质、纤维素等有用成分，可用来做饲料或酿酒（见表 4-6）。

表 4-6　种子成分（% 种子干重）

油脂	粗皂素	淀粉	粗蛋白质	粗纤维素	其他
88.07	19.49	2.18	18.66	12.38	14.07

参考文献

[1] 李振纪 . 油茶 [M]. 农业出版社，1980：322。

[2] 沈天从等译，最新植物化学香港 1974（中 2-8 / 12）。

[3] 北京农业大学 . 农业分析（下册）[M]. 农业出版社，1961：152-156.

（本文原载《西北植物学报》1987 年第 1 期）

陕西小红桃油脂累积动态研究

李玉善

（西北植物研究所）

陕西省南部普通油茶有小红桃、红桃、红球、青球、倒卵形、橄榄形、珍珠形、金钱形和橘形等十个类型。其中小红桃为秋分籽。鲜果出油率40.7%，鲜籽出仁率64.2%，种仁含油率48%，种子含油率32%。开花和果实成熟比其他类型早半个月，是个比较优良的品种。1980年以来我们对陕西小红桃油脂积累动态作了研究。

材料方法

试验材料取自陕西省南郑区两河油茶林场。在油茶花蕾形成期（7月），长果期（8月），成果期（9月），从普通油茶林中，采摘陕西小红桃类型茶果。每次采摘1千克，随机取20个茶果测量果实大小和重量。以沸腾30～60℃石油醚，用索氏抽提法提取种子油，以失重法称量种子含油率。每次设重复两个，每个重复称1～1.5克粉碎的种子，种子用氢氧化钾—甲醇快速脂化法制备脂肪酸甲脂，气相色谱法测定脂肪酸成分，使用的岛津GC-7A气相色谱仪，各种脂肪酸百分组成以色谱峰的面积，按归一法定量。

气相色谱分析条件，色谱柱3米×3米，不锈钢；固定液10%丁二酸乙二醇聚酯；担体为101白色担体，60～80载气氮；检测器是氢焰离子化；气流速度，N250毫升/分，H260毫升/分；柱温198℃，气化室温280℃，检测室温280℃；柱前压力1.5千克/平方厘米。

在采样的树上，在幼果期（4月初），长果期（7月初），采果期（10月中旬），在树的中上部和下部各个方向采摘40只叶片。用凯氏法测全氮和粗蛋白的含量，用丘林法（有机碳重铬酸钾硫酸氮化法）测定碳的含量，用奥尔氏法测定碘的含量。

陕西小红桃不同海拔高度油脂特性的研究，材料取自南郑塘口乡。

讨论和分析

一、不同生育期叶片碳、氮、碘和种子含油量变化之间的关系

由表4-7可知，陕西小红桃油茶叶片中全氮、粗蛋白、碳和磷的含量，从幼果期到采果期都在不停地增多。而碳氮比值在下降。说明叶片形成的碳水化合物糖，不断地输送到果实中形成油脂，茶油含量不断增加。种子中脂肪含量与蛋白质含量变化趋势相反。叶片含磷量增加较快，磷和糖类化合物形成有关，叶片含磷量增加，促进了碳水化合物形成，有利于种子油分的形成。

表4-7　陕西小红桃叶片全氮、粗蛋白、碳、磷含量

采样日期	物候期	全氮（%）	粗蛋白%	碳（%）	磷（%）	C／N
1／4	幼果期	0.945	5.906	49.791	0.070	52.69
1／7	长果期	1.090	6.809	50.117	0.091	45.39
14／10	采果期	1.230	7.683	51.043	0.108	41.50

二、不同生长期茶油中脂肪酸动态

由表4-8可知，由幼果期到采果期，随着油茶种子生长发育，种子油中饱和脂肪酸含量逐渐降低。由长果期的21.1%降到采果期的9.3%。而不饱和脂肪酸含量逐渐增高，由长果期的78.7%增加到90.6%。饱和脂肪酸中主要成分是棕榈酸。而在不饱和脂肪酸中，油酸含量随着生育期的进行在增加，长果期为37.4%，采果期猛增至81.4%。亚油酸含量随着生育期的进程，在不断下降。长果期为34.1%，采果期降至9.0%。

表 4-8 不同生育期种子油脂肪酸百分比

采样日期	豆蔻酸	棕榈酸	棕榈油酸	硬脂酸	油酸	亚油酸	亚麻酸	二十烯酸	种子含油（%）	脂肪酸饱和	脂肪酸不饱和
13/7	微	21.1	1.4	少量	37.4	34.1	5.8	微	4.16	21.1	78.7
13/8	微	14.5	微	0.7	57.5	25.7	1.5	微	7.21	15.2	84.7
13/9	微	9.3	微	0.9	77.8	11.9	少量	微	19.72	10.2	89.7
11/10	微	9.3	微	少量	81.4	9.0	0.2	微	33.07	9.3	90.6

三、不同海拔高度陕西小红桃油的脂肪酸组成和理化性质

1980 年 10 月在南郑区塘口乡，在油茶果采收季节，在不同海拔高度采摘陕西小红桃茶果，对种仁含油量、脂肪酸组成和油脂理化性质进行了分析研究。发现种仁含油量随着海拔升高，略有增加。脂肪酸组成，随着海拔的升高，棕榈酸和亚油酸有增高的趋势，而油酸含量有降低的趋势。茶油的理化性质随着海拔升高，没有发现规律性的变化。

四、不同海拔高度陕西小红桃油茶的脂肪酸组成和理化性质

1980 年 10 月在南郑区塘口乡，在油茶果采收季节，在不同海拔高度采摘陕西小红桃茶果，对种仁含油量、脂肪酸组成和油脂理化性质进行了分析研究。发现种仁含油量随着海拔升高，略有增加。脂肪酸组成，随着海拔的升高，棕榈酸和亚油酸有增高的趋势，而油酸含量有降低的趋势。茶油的理化性质随着海拔升高，没有发现规律性的变化。

表 4-9 陕西小红桃不同海拔高度油的脂肪酸组成和性质

地名	海拔高度（米）	单果平均		脂肪酸组成（%）				油脂理化性质				种仁含油 %
		籽粒重 g	鲜籽数	棕榈酸	硬脂酸	油酸	亚油酸	酸值	不皂化物	碘值	皂化值	
平桥	700	3.6	4.88		少量	77.9	12.6	1.31	1.27	84.48	197.65	44.8
曹家坡	800	3.7	5.19		少量	77.3	13.0	0.68	1.19	84.58	159.69	47.87
太平	900	4.0	5.9	11.7	少量	73.3	14.9	1.12	1.09	85.87	201.92	42.12
太平三队	1000	4.4	5.28	13.2	少量	72.4	14.3	1.11	1.30	85.84	197.85	41.45

小　结

一、随着油茶生育期的进程，叶片碳氮比下降. 含磷量上升，种子含油量不断增加，采果期到达峰值。

二、随着油茶生育期的进程，脂肪酸组成中饱和脂肪酸下降，不饱和脂肪酸上升。在不饱和脂肪酸上升中，油酸含量上升，亚油酸含量下降。

三、油茶树立地随着海拔高度升高。种仁含油率有升高。脂肪酸中棕榈酸和亚油酸含量随着海拔升高,有增长的趋势,而油酸含量有降低的趋势。

（本文原载《经济林研究》1987 年增刊）

攸县油茶皂素积累和油脂形成关系的研究

李玉善　汪建文

（西北植物研究所）

攸县油茶皂素为三萜类皂甙，具有一般皂角甙类通性。是好的非离子表面活性剂，为重要的工业原料。攸县油茶皂素积累以及和油脂形成间关系的研究，至今未见报道。为了开发攸县油茶皂素资源，1983 年以来，我们把攸县油茶皂素积累和油脂形成，以及和普通油茶间的关系作了比较研究。

一、材料和方法

攸县油茶果采自陕西省南郑区两河乡白庙林场 12 年生攸县油茶林。在攸县油茶长果期（8 月）、成果期（9 月）、果熟期（10 月）、采摘期（11 月），选择有代表的植株，按树冠不同部位多点采样，以普通油茶作为对照，茶果采自南郑区两河乡油茶场 21 年生的陕西小红桃油茶林，在油茶花蕾形成期（7 月）、长果期（8 月）成果期（9 月）、果熟期（10 月）采样，采样方法和攸县方法相同。

每次采样 1 千克，洗净擦干称重，随机取 20 个茶果，测量果实大小和称重，并测定含水率。以沸腾 30 ～ 60℃石油醚，用索式抽提法提取种子油，以失重法称量种子含油率。每个样品设三个重复，每个重复称 1 ～ 1.5 克粉碎的种子，种子用氢氧化钾—甲醇快速酯化法制备脂肪酸甲酯，气相色谱法测定脂肪酸成分，各种脂肪酸的百分组成以色谱峰的面积，按归一化法定量。测定含油率的残余物，烘干，继续以 95% 的甲醇，用索氏抽提法提取皂素，以失重法测定种子含皂素率。果壳含油率、含皂素率的测定方法和油茶种子的测定方法相同。

气象色谱分析条件：

色谱柱：3 米 ×3 毫米不锈钢；担体：CHROMOSORB.W；固定液：丁二酸乙二醇聚酯 10%；检测器"FID"； 柱温 198℃；气化室温度：280℃；检测室温度：280℃；气流速度：N 2 ～ 55 毫升 / 分；H 2 ～ 50 毫升 / 分；AIR—500 毫升 / 分；柱前压力：1.8 千克 / 平方厘米。

二、结果和分析

攸县油茶和普通油茶一样，果实的发育经历了幼果期、长果期、成果期。果熟期和采果期等不同的发育阶段。8 月上旬采摘的攸县油茶果：果小皮厚，果皮多茸毛，种子小，种皮薄，种子内含物黏稠，种仁不明显，种子含油量仅有 3.01%，而含皂素率达 60.31%，比同期（长果期）普通油

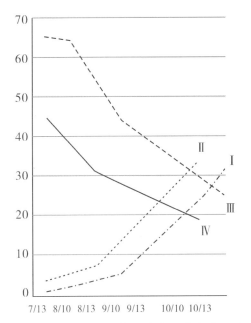

图 4-5　攸县油茶和普通油茶果壳皂素和油脂积累比较

I　攸县油茶油脂；II 普通油茶油脂；III 攸县油茶皂素；IV 普通油茶皂素

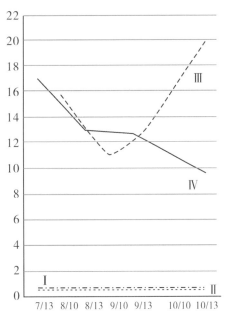

图 4-6　攸县油茶和普通油茶果壳皂素和油脂积累比较

I　攸县油茶果壳油脂；II 普通油茶果壳油脂；III 攸县油茶果壳皂素； IV 普通油茶果壳皂素

茶种子皂素含量多 21.29%。9 月上旬茶果显著增大，单果重提高，种仁形成，种皮木栓化，含油率增高一倍多。含皂素下降 25%。10 月份果实继续增大，果皮所占比例下降，种子体积增大，重量增加，含油率比 9 月份增长近五倍，含皂素率比 9 月份减少 1/3。11 月果实成熟，比普通油茶果成熟期推退 1 个月。此时果实上茸毛脱落，果壳黄褐色发亮，种子含油率为长果期 10 倍多，而含皂素不及长果期 1/2。

图 4-5 表明，攸县油茶和普通油茶种子含油率和含皂素率都是随着生育期的进程呈相反趋势发展。它们之间的差别是，攸县油茶种子含油量的增加和皂素含量的下降变幅比普通油茶大。

1. 不同生育期种子含油率和含皂素率

2. 不同生育期果壳含油率和含皂素率

攸县油茶果壳随着生育期的进程，果壳由厚变薄，果壳和种子鲜重比由大变小，含水率稍有增加。攸县油茶壳厚度变化比普通油茶显著。攸县油茶果壳含油率较低，各个生育期含油量变化不大，并且随着生育期的进程略有减少。长果期含油率为 0.73%，而到采果期含油率稍有下降，为 0.66%。攸县油茶果壳皂素含量较大，长果期果壳皂素为 15.47%，而到采果期增至 19.78%。

图 4-6 表明，攸县油茶和普通油茶果壳含油率随着生育期进程都变化不大。攸县油茶果壳含皂素率随着生育进程有所增加。攸县油茶果壳在茶果成熟时含油率极低，含皂素量较高，这个特性在皂素工业生产上有着重要意义。我们可以利用攸县油茶果壳生产油茶皂素，在生产工序上去掉一道提油工序，这样就大大降低了皂素生产成本，提高了油茶皂素生产的经济效益。

3. 不同生育期皂素积累和油脂形成间关系

攸县油茶种子油主要由棕榈酸、油酸、亚油酸、硬脂酸、亚麻酸以及微量豆蔻酸、棕榈油酸和二十烯酸等 8 种脂肪酸所组成。棕榈酸的含量 8 月为 31.3%，采果期降至 14.4%。亚油酸的含量由 8 月 41.4% 降至采果期的 10.6%。亚麻酸含量 8 月为 10.6%，采果期降至 0.6%。硬脂酸含量在各生育期变化不大。唯油酸含量增长幅度较大，8 月油酸含量为 0.3%，采果期增加到 72.2%，因此，攸县油茶油脂实质上是以油酸为主要成分的不干性油。

　　攸县油茶和普通油茶相比，它们油脂形成的趋势是共同的（见图4-7），不同之处在于攸县油茶油饱和脂肪酸（主要是棕榈酸和硬脂酸）含量高于普通油茶，而油酸含量却低于普通油茶。

　　把图4-5、图4-7、加以比较，发现攸县油茶各个生育期皂素积累和茶油中主要脂肪酸（油酸、亚油酸和棕榈酸）含量之间变化有以下规律。①各个生育时期皂素含量和油酸含量变化趋势相反。②各个生育时期皂素含量的下降和种子油中棕榈酸、亚油酸含量的减少，变化是一致的。

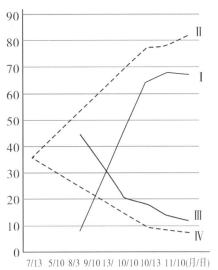

图4-7　攸县油茶和普通油茶油酸、亚油酸积累比较

Ⅰ攸县油茶油酸　Ⅱ普通油茶油酸
Ⅲ普通油茶亚油酸　Ⅴ攸县油茶亚油酸

　　随着生育期的进程，普通油茶种子中皂素含量和茶油中油酸、亚油酸以及棕榈酸含量变化关系，同攸县油茶相比，基本内容是共同的。

结　论

通过本项实验得出以下结论：

3.1 攸县油茶和普通油茶一样，随着年生育周期的进程种子油脂含量不断增高，皂素含量不断降低，直至种子生理成热时，这种变化才基本稳定。

3.2 攸县油茶和普通油茶，随着年生育周期的 进程，果壳油脂含量变化不大，普通油茶果壳皂素含量不断减少。幼果期果壳中皂素含量最高，果实充分熟时皂素含量较低。而攸县油茶果壳皂素含量随着生育周期的进程，稍有增加，果熟时果壳含皂素量最多。

3.3 攸县油茶和普通油茶一样，种子油脂肪酸主要由亚油酸和棕榈油酸组成。茶油中油酸含量随着年生育周期的进程不断提高，和种子油含油率增长的趋势是一致的，而茶油中亚油酸和棕榈油酸含量，随着生长周期的进程不断降低，和种子中皂素含量减少的的趋势是一致的。

参考文献

[1] P. 贝歇尔 . 北京大学化学系胶体化学教研组译 . 乳状液理论及实践 (修订本)[M] 北京：科学出版社，1978；211-214.

[2] H·N 沙拉波夫 . 华南植物研究所译 . 油料植物及油的形成过程 [M]. 科学出版社，1965，94-96.

[3] 沈天从等译 . 最新植物化学（香港）[M].1974，中 2-8/11；138-142.

[4] 浙江省亚热带林业研究站 . 有希望的油茶良种——攸县油茶 [J]. 中国林业科学，1977，77-78.

[5] 李玉善等 . 普通油茶皂素积累动态的初步研究 [J]. 西北植物学报，60-64.

STUDIES OF THE RELATIONS BETWEEN THE SAPONIN ACCUMULATION AND THE OIL FAT FORMATION OF CAMELLIA YUHSIENENSIS HU

Li Yushan Wang Jiawen

(*Northwestern Institute of Botany*)

Abstract：In the process of a yeare`s growth cycle of Camellia yuhsienensis Hu and C · oleifera Abel, the content of seed saponin continuously decreases while that of oil continuously increases. The content of fruit crust saponin of C · oleifera. Abel continuously decreases while that of C · yuhsienensis Hu continuousiy increases. However, there is no great variation in the content of fruit crust oil of two species. In addition, there are great similarities in the reduction of saponin, palmitic acid and linoleic acid, and the increases of oil and oleic acid are also alike.

Key words：Camellia yuhsienensis Hu; saponin accumulation; oil fatformation

（本文原载《经济林研究》1988 年第 2 期）

第五部分

油茶茶油加工和油茶皂素利用研究

1. 油茶栽培，茶油加工和油茶皂素利用研究

2. 油茶皂素的加工和利用

3. 油茶皂素乳化剂在人造板工业上的应用

4. 西植 877 石蜡乳化剂简介

5. 西植 877 石蜡乳化剂在我厂纤维板生产试验总结

6. 油茶皂素乳化剂中试报告

7. 宝贵的农药资源——油茶饼

8. 天然的廉价高效低毒农药——茶枯

9. 商洛地区油茶综合利用的研究

10. 油茶皂素化学和物理特性及其开发利用研究

油茶栽培、茶油加工和油茶皂素利用的研究

中国科学院　陕西科学院西北植物研究所　李玉善

摘要：科技兴陕五年，油茶课题组参加了"千亩油茶样板山"和"万亩油茶丰产园"建设，使油茶亩产茶　油由不足 10 千克增至 25 余千克。承包了塘口茶油加工厂，和陕西粮油所一道，研究提高了茶油质量，打开了销路，带动了乡镇茶油加工生产，使油茶资源得到充分利用。在油茶饼综合利用方面，研制成功了油茶皂素纤维板乳化剂、油茶皂素萤石选矿剂、油茶皂素刨花板乳化剂三种新产品。由于实施科技承包，南郑区油茶生产焕发出蓬勃生机，油茶林得到管护，有所发展。油茶生产取得了较好的经济、社会和生态效益。

关键词：油茶；茶油；油茶饼；油茶皂素

陕西省政府 1989 年实施了发展农业生产的"51251"工程，我们油茶课题组参加了陕西省科学院南郑区农业科技承包集团。五年来，在"科学技术是第一生产力"思想指导下，在省地县和两院领导的支持和关怀下，我们和广大区乡干部和农民一道，在油茶科研和生产上取得了丰硕成果，直接经济效益千余万元。

一、建立千亩油茶样板山，管好万亩油茶丰产园

南郑区油茶 20 世纪 80 年代初已发展到五万余亩，1985 年左右农民因销售茶籽难，乱砍乱伐油茶树，到农业科技承包时，油茶林保留面积只有三万余亩，黄官镇有一万余亩。1989 年我们和黄官镇公所协力提出管好万亩油茶园。1989 年和 1991 年黄官镇公所发布"关于大力保护油茶资源，

加强油茶管理通知"，严厉制止破坏油茶林。陕西省农业办公室拨专款建立了千亩油茶样板山，南郑区林业局拨款管好万亩油茶丰产园。我们在黄官镇举办了四次油茶培训班，参加培训的有 192 人次，散发油茶科技资料500 余份。在黄官镇形成了关心油茶生产，爱护油茶树的良好风尚。

南郑区两河油茶林场是 20 世纪 70 年代建立的，当时在陕西油茶发展中，起了很好的示范带头作用。科技承包后，我们会同两河乡政府调整了油茶场的领导班子，制订管理制度，实行个人承包，使这个濒临倒闭的油茶场，又发展起来。1992 年集资一万多元，修通了公路。建立油茶样板山，发展多种经营，场员人均收入在三千元以上。

我们因地制宜，对黄官镇油茶林采取了综合管理措施。主要采取垦复中耕、改混交林为纯油茶林、修枝整形，适当施肥，以及适时采果等措施。通过管理的油茶春梢长达 30 ～ 35 厘米，比未管理的增加了 2 倍多；管理了的油茶叶色嫩绿，比未管理的新叶增长 25% ～ 50%；新梢增加30% ～ 40%，花芽增加 25% ～ 42%。亩产茶油由不到 10 千克，增至 25 余千克。

适时采果不仅提高了油茶籽的质量，同时显著提高了种籽含油率（见表 5–1），塘口茶油加工厂茶籽实榨出油率由 19% 提高到 25%，两河油茶场茶籽出油率达到 28.5%，茶油质量明显提高。

表 5–1　普通油茶不同时期采果含油率的变化

采果日期	出仁率（%）	水分（%）	种仁含油率(%)	酸价
9 月 23 日	60.90	12.06	30.9063	7.2979
9 月 28 日	63.94	10.89	35.8925	2.0678
10 月 1 日	65.62	10.02	42.4995	1.3795
10 月 7 日	67.93	9.31	44.1122	1.2302
10 月 24 日	70.22	9.22	50.6169	1.2127

1989 年油茶园管理列入省农办"南郑区黄官镇农业综合科学实验基地建设"项目，1991 年获汉中地区科技兴汉二等奖。

二、南郑区塘口茶油加工厂经营管理

1989 年我们同塘口茶油加工厂订立了科技承包合同，在完成省科委下达的"油茶籽加工和综合利用"科研项目的同时，对油茶加工厂进行科技承包。

南郑区塘口茶油加工厂是1987年建立的，建厂后因油茶质量差，销路不好。科技承包的责任在于提高油茶质量，帮助打开销路。首先我们分析了当地油茶籽的质量，并和我国茶油主产区湖南做了比较（见表5-2，表5-3）。发现南郑茶油和湖南相比，是一致的。南郑茶油质量差首先是由于油茶林的管理差，采果过早，种子成熟度不够，含油量低，酸价高。再则是油茶籽贮藏不当。南郑区油茶果成熟季节，正值雨季。当地农民把采摘的茶果堆在院场中，任其风吹雨淋，有些茶籽生芽或霉烂。用坏茶籽榨的油因含有易挥发的低分子化合物醇类、醛类、酮类和酸类以及过氧化物，使得茶油含有特殊臭味、哈喇味和苦涩味。因此，我们提出加强茶园管理、适时采果和做好茶籽贮存、及时开榨、精细榨油五项措施，以提高茶油质量。

塘口茶油加工厂现有榨油和精炼三个车间，拥有 BKL.25 型茶籽剥壳机1台、95 型螺旋榨油机2台，卧式液压榨油机1台，提升机1台、炒锅2只、307 型板框式过滤机1台，茶油精炼设备1套、贮油罐3只、毛油沉淀池1个，年加工油茶籽能力1 000 吨。茶油质量稳步提高，现在已达到国标二级。符合食用油标准（见表5-4）。

表5-2 南郑和湖南油茶主要经济性状比较

项目\地方	单果重（克）	鲜出籽率（%）	出仁率（%）	含油率（%）		油脂理化特性				
				种子	种仁	比重（15℃）	折光指数（25℃）	皂化值	酸价	碘价
南郑	12.2～30.7	36.2～46.2	53.11～68.17	22.7～37.7	37.57～48	0.9123～0.9275	1.4561～1.4721	153.4～202.1	1.05～2.47	51.7～85.45
湖南	15～50	30～55	63～70	20～28	40～59	0.9150～0.9220	1.4672～1.4717	189.90	6以下	91.4

表5-3 南郑和湖南茶油脂肪酸含量（%）比较

种\地	豆蔻酸 $C^0 14$	棕榈酸 $C^0 16$	硬脂酸 $C^0 18$	油酸 $C^1 18$	亚油酸 $C^2 18$	亚麻酸 $C^{3\pm} 18$	花生酸 $C^0 20$	脂肪酸总量	
								饱和	不饱和
南郑	—	10.2	1.1	78.1	9.4	1.1	0.1	11.4	88.6
湖南	0.3	7.6	0.8	83.3	7.4	—	0.6	9.3	90.7

表 5-4　塘口茶油质量和国家茶油标准比较

项目	酸价 ≤	水分（%） ≤	杂质（%） ≤	色泽	含皂量（%）	气味滋味	加热实验（280）
国标二级（GB11675—89）	5.0	0.2	0.22	黄35 红≤5	0.3	具有茶油固有气味，无异味	茶油允许变深，但不得变黑
南郑油脂厂1990.12.12测定	5.0	0.11	0.37	黄35 红4.5		茶油固有气味滋味	

三、油茶皂素开发利用

1. 茶饼中含有 6% ～ 7% 残油，用 6 号溶剂油每百千克油茶饼可提取 5 ～ 6 千克茶油。剩下的饼粕可提取皂素，残渣做饲料或肥料。

表 5-5　油茶饼的成分

成分	水分	脂肪	蛋白质	粗纤维	皂素	糖类	灰分
含量（%）	14.3	6.89	12.12	20.0	12.8	27.6	6.26

油茶饼中含有 12.8% ～ 13.0% 皂素，萃取茶油后，每百千克可生产皂素浆 15 ～ 20 千克（皂素含量 40%）。5 ～ 6 吨油茶饼可提 34° Be 油茶皂素浆 1 吨，价值人民币 5 000 元，加上萃取的茶油，使油茶经济效益提高 2 倍多。

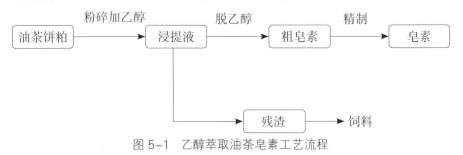

图 5-1　乙醇萃取油茶皂素工艺流程

2. 油茶皂素纤维板乳化剂

在湿法纤维板生产工艺中，必须在纤维束间加石蜡，用以提高板材的防水性。传统工艺使用油酸氨水乳化石蜡。用油茶皂素制成的石蜡乳化剂，使用效果好，价格低廉，较之传统工艺节约了大量油酸，不直接加氨水，不污染环境保护了工人健康。

陕西省山阳纤维板厂和陕西省太白纤维板厂已使用油茶皂素纤维板乳

化剂 12 000 千克。油茶皂素纤维板乳剂乳化石蜡生产纤维板（见表5-6），除吸水率为二级外，其他各项指标均达国家一级标准（GB1923—80）。油茶皂素纤维板乳化剂现行价格为 3 500 元 / 吨，而油酸每吨价格为 5 000 元，每吨油茶皂素乳化剂比油酸便宜 1 500 元。

3. 油茶皂素萤石选矿剂

表5-6　油茶皂素纤维板乳化剂制板和国家标准对照

质量指标比较	厚度（毫米）	容重（千克/立方米）	静曲强度（千克/平方米）	吸水率（%）	含水率（%）
纤维板国家一级标准	3.4 ± 3	900	400	20	5 ～ 12

1990 年我们在商州萤石选矿厂实验成功了油茶皂素萤石选矿剂。用油茶皂素萤石选矿剂代替油酸选矿，精矿品位高达 95.86%，平均为 95.81%（见表5-7）。油茶皂素萤石选矿剂冬季使用不易凝固，受气候因素影响较少，优于油酸选矿。

表5-7　油茶皂素萤石选矿剂和油酸的比较

选矿剂	原矿品位	尾矿品位	精矿品位
油茶皂素萤石选矿剂	32.71	2.78	95.81
油酸（对照）	34.42	2.78	95.17

4. 油茶皂素刨花板乳化剂

1992 年初步研究成功了油茶皂素刨花板乳化剂，油茶皂素刨花板乳化剂的技术要求：

（1）外观：棕褐色黏稠液体。

（2）pH：6 ～ 7。

（3）石蜡乳液稳定性（在 40℃放置 24 小时）：30% 石蜡乳状液，结皮度 ≤ 1 毫米；析水度 ≤ 5%。油茶皂素刨花板乳化剂使用方法：

称取 100 千克石蜡，熔化后保持 70℃，而后加入 25 千克油茶皂素刨花板乳化剂，在 70℃恒温下高速搅拌 30 分钟。再加入 400 升 70℃水，高速搅拌 30 分钟，即得含石蜡 30% 以上的石蜡乳状液。

（本文原载 "陕西省科技成果" 1977 年三等奖鉴定材料）

油茶皂素的加工和利用

李玉善

（西北植物研究所）

摘要：油茶皂素属于三萜类皂苷，在洗涤、乳化、湿润、发泡和医药等方面用途广泛。皂素的加工和利用大大提高了油茶的经济价值。本文系统地介绍了油茶皂素的加工和利用，并对皂素应用前途提出了倡议。

MAKE AND USE ON THE SAPOGENIN OF CAMELLIA OLEIFERA

Li Yushan

(*Northwestern Institute of Botany*)

Abstract：Sapogenin of camellia oleifera belong to fiterpene sapogenin,on washing,emulsity,saturation,froth and medicine and so on use expance.Make and use of sapogenin much increase economic valuation of camellia oleifera.

This paper system represent make and use of sapogenin,at once for future of sapogenin said a number of promotion.

油茶（*Camellia oleifera* Abel）是优良的木本油料树种。我国有油茶面积 370 多万公顷，年产油茶籽 42.4 万吨，占各种木本油料总面积的 60% 以上。其面积和产量居世界第一位。陕西省汉中和安康是油茶主要产区。油茶籽每百千克可榨油 25～30 千克；可提制皂素 10～15 千克，提皂素后的饼粕可做饲料。目前油茶饼除小部分利用外，大部分作为肥料和燃料被处理掉，十分可惜。

油茶籽榨油后可提取皂素。油茶皂素的产值大于油的产值，从而提高了油茶的经济效益。油茶皂素的研究和应用，将对轻工、化工某些部门的发展产生重要的影响。

一、油茶皂素的提取

1. 提取油茶皂素应注意的问题

（1）油茶籽榨油前应脱壳，用茶籽榨油，油茶饼在提皂素前应浸出残油。

（2）低温处理油茶是全部工艺过程的关键。在炒籽、茶饼浸油后烘干、皂素的萃取和浓缩，烘干温度都不应超过 110℃ 。否则，油茶皂素的质量将会大受影响。

2. 油茶饼脱脂萃取油茶皂素工艺流程

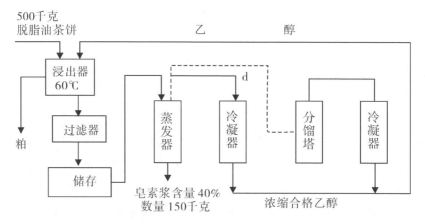

3、提取皂素采用的设备

（1）KZL2-8 蒸汽锅炉 1 台

（2）3.5 立方米不锈钢浸出罐（萃取皂素）1 台

（3）搪瓷贮罐 2 台

（4）搪瓷蒸发罐附冷凝器 1 台

（5）蒸发罐附分馏塔、冷凝器 1 台

（6）搪瓷精制罐 2 台

（7）35 立方米溶剂罐 2 台

二、油茶皂素的用途

油茶皂素属于三萜类皂甙，是糖甙类化合物，基本结构是由配基、糖体和有机酸组成，具有一定的生理活性和乳化、分散、润湿、洗净等多种性能，是一种性能良好的天然表面活性剂。根据我们了解，现在油茶皂素大致有以下几方面的用途。

1. 制成各种洗涤剂

（1）配制丝绸精炼剂、毛织品洗净剂。油茶皂素精炼以后，配以活性剂，可配制丝绸精炼剂和毛织品洗净剂，具有不受水质影响、不剥色，洗涤性能好等特点。

（2）配制洗发香波。精制皂素和活性剂、香精等配制成洗发香波，洗发时泡沫多、去油污力强、去头屑和止痒效果好，受到用户的欢迎。广西龙胜天然制剂厂生产的天然洗发香波已上市多年，武汉也在生产皂素型洗发香波。

（3）配制金属、餐具和玻璃洗净剂。西北植物研究所已制成金属洗净剂，但未批量生产。该产品去油污，不腐蚀金属，不污染环境，节能节油，经济效益好。

2. 制成各种乳化剂

油茶皂素乳化、湿润、发泡性能好，制成的乳化剂效果好。

（1）做农药乳化剂。浙江、湖南、广西等地用粗油茶皂素做农药乳化剂，不仅起到良好的乳化作用，并加强了药剂的效果。主要用油茶皂素做DDT、乐果、马拉松等农药的乳化剂。

（2）在木材加工上做乳化剂。西北植物研究所制成西植 877 乳化剂，在刨花板上使用，效果很好。

（3）与润滑油、防腐剂配制成乳化液，可做机床加工润滑剂、液压传动液，以及流动减阻剂。

3. 配制发泡剂

（1）制加气混凝土。建筑六层以上的高层楼房，需要轻型材料加气砼。这种加气砼主要是加气混凝土制作的，由中国建筑学会组织有关建筑部门利用油茶皂素作加气混凝土已获得成功，并已大量应用。纯皂素在加气砼生产工艺中，主要是对铅粉脱脂，对料浆发气稳泡、抑制石灰消解和缓浆料稠化的作用。

（2）与合成洗涤剂配制成发泡剂、浮选剂等，供选矿用，作灭火机的发泡剂。纯品可作啤酒的发泡剂。

4. 做药剂用

（1）油茶皂素对止咳和老年人气管炎有一定的疗效。据临床试验，茶籽姜蜜糖浆对治疗单纯型老年支气管炎有效率达 87.7%；喘急型老年支气管炎有效率达 89.7%。

（2）据国外专利资料，油茶皂素精品对鼠的葡聚糖浮肿、卵蛋白浮肿均有显著的抑制作用。对聚乙烯吡咯烷酮水肿、右旋糖水肿、卵巢蛋白水肿、蜂毒水肿、高岭土水肿、甲醛水肿等均有抑制作用。

（3）油茶皂素粉含有黄酮甙 3% ～ 4%。黄酮及其甙类具有对油脂抗氧化作用，同时很多黄酮类物质有祛痰、止咳、抑菌、治疗心血管系统疾病等功效，有的衍生物还有抗癌作用。

5. 做农药用

油茶皂素有杀死钉螺和仓储害虫的作用，我国农村普遍用油茶饼做土农药。

6. 其他用途

目前日本等国家大量收购我国油茶饼，并以每吨 900 美元的价格购买油茶精皂素，做什么用途还不太清楚。

三、油茶皂素应用发展前景

我国油茶皂素应用研究虽起步晚，但已获得显著成果，可以预见油茶皂素的提取和应用将会取得重大成就。建议有关部门重视和加强对油茶皂素加工利用的研究。我以为当前要从下列几个方面着手研究。

（1）油茶皂素的提取目前用的是轻汽油（60#）和酒精，价值较高，操作不安全。

如果能利用廉价的水来提取皂素，提取成本将会大大降低，油茶皂素也将会得到更广泛的利用，对发展乡镇企业，使农民普遍富裕，会发挥重要作用。

（2）油茶皂素在金属、丝毛、家具、日常卫生等洗涤方面将占据重要位置。油茶皂素作为天然非离子表面活性剂在我国日用化工方面将发挥重要作用。尤其是它易为生物分解，不污染环境，节省能源——汽油，将会受到金属加工、轻工等行业的欢迎。

（3）油茶皂素是三萜类皂甙（Steroid sa-pogenin），而薯芋皂素是甾体皂甙（Fite rpenoid sapogenin），薯芋皂素是从薯芋中提取的，现在被誉为"生命的钥匙"，每吨出口价值 15 万元人民币。据报道已有人用单萜类合成甾体皂素，如研究用三萜类制成甾体皂素，加之油茶皂素资源如此丰富，将会给我国带来巨额外汇。

（4）建议用油茶皂素作石油压力液的研究。目前石油工业主要用田菁胶、瓜儿胶作为石油压力液，每吨价值高达 5 000 元人民币，如研究用油茶皂素作为压力液，将会使大量废弃的油茶饼得到利用，大大提高了油茶籽的利用效率。

（本文原载《陕西省林业科技》1988 年第 3 期）

油茶皂素乳化剂在人造板工业上的应用

李玉善　张发兰　汪建文　季志平

（西北植物研究所）

APPLICATION OF SASANQUA SAPOGENIN EMULSIFIER IN THE WOOD-BASED PANEL INDUSTRY

Li Yushan　Zhang Falan　Wang Jianwen　Ji Zhiping

(*Northwestern Institute of Botany*)

摘要： 油茶皂素乳化剂乳化石蜡效果好，在人造板工业上应用可以提高板材的档次，节省油酸，因不用氨水，显著改善了工人的劳动条件。

Abstract: Sasanqua sapogenin emulsifier emulsified paraffin efficiently, which may promote the grade of wood based panel, save oleic acid and improve the working condition.

在人造板制板工业上，必须在纤维素束间加入石蜡，用以提高纤维板和刨花板的防水性能。传统工艺是用油酸和氨水来乳化石蜡。油酸是由动物或植物油脂中提炼出来的，价格昂贵，用作乳化剂势必与食用油争原料。且氨水经高温高速搅拌，氨水大量挥发，污染环境，有害操作工人健康。1987 年我们从油茶饼中提炼皂素，并研制成功了油茶皂素石蜡乳化剂，当即进入市场。

我国有油茶面积 370 多万公顷，年产油茶饼约 5 亿千克，每百千克油茶饼可提取油茶皂素 10～15 千克，是油茶皂素乳化剂生产取之不竭，用之不完的源泉。油茶皂素乳化剂不仅使用效果好，价格低廉，同时较之传统工艺节约了大量油酸，改善了工人的劳动条件。

一、乳化石蜡作用机理

油茶皂素乳化剂乳化石蜡后，在石蜡乳液中形成许许多多直径为 1.0～4.0 目（平均为 1.11 目）的石蜡小颗粒，每个石蜡小颗粒的外层为油茶皂素乳化剂的两亲分子所包围，每个两亲分子和水接触的一头为亲水基团，和石蜡接触的一头为亲油基团，使得石蜡乳液成为水包油型（O/W）的稳定乳液。

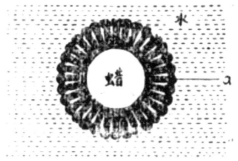

图 5-2　油茶皂素乳化剂对乳状液的稳定作用
α－油茶皂素乳化剂两亲分子

在湿法纤维板生产过程中，破乳槽内乳化蜡溶液和 5% 硫酸铝溶液混合，温度为 40～50℃，延续时间 5 秒左右即行破乳。破乳后石蜡呈豆腐花状絮片散开，捞出观察，质细、均匀、不黏手、不结块。不经过连续施胶箱，直接流入浆池，石蜡胶的絮状颗粒不被打碎，保持稳定，在长网成型时不黏网，石蜡在纤维板中留着率高，石蜡胶的微粒随水流失少，从而降低了纤维板的吸水率。

二、乳化石蜡工艺

1. 在湿法纤维板生产中乳化石蜡工艺流程（见图 5-3）

（1）石蜡融化槽，容积 150 升；（2）热水桶，容积 500 升；（3）乳化槽，容积 350 升；（4）贮胶槽；（5）胶料泵

（1）先将石蜡熔化升温至80℃。

（2）向乳化锅加填管水至锅底部管口溢面。

（3）加入熔化的石蜡15千克，升温至80℃。

（4）向锅内加油茶皂素乳化剂3.5kg，锅内温度保持70～80℃，搅拌15分钟。

（5）加入第一次乳化水20千克，保持70℃，搅拌10分钟。

（6）加入第二次乳化水20千克，保持70℃，搅拌10分钟。

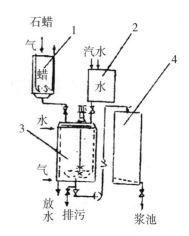

图5-3 油茶皂素乳化剂乳化石蜡工艺流程

（7）加入60℃稀释水242千克，搅拌5分钟，即制成白色，浓度5%的乳化蜡溶液。此时锅内有少许泡沫为宜。

2.干法刨花板生产乳化石蜡工艺流程

（1）在熔蜡桶中加石蜡熔化，温度为80℃。

（2）把熔化的石蜡100千克加入乳化搅拌机中，保持90℃，缓缓加入18千克油茶皂素乳化剂，搅拌10分钟。

（3）加入20千克乳化水，保持温度80～90℃，搅拌10分钟。

（4）再加入40千克乳化水，保持温度80～90℃，搅拌10分钟。

（5）加入140千克稀释水，保持温度70～80℃，搅拌10分钟，即成白色50%石蜡乳状液。

三、油茶皂素乳化剂标准

1988年元月11日，陕西省标准局发布了油茶皂素乳化剂标准，编号为陕DB3856-88.

1.技术要求

（1）外观：棕褐色黏稠液体。

（2）pH：7.5～8.5。

（3）比重（标准温度20°/4℃）：1.04～1.09。

（4） 石蜡乳液稳定性（在 40℃放置 24 小时）：结皮度 <1 毫米，析水度 ≤ 5%。

2. 石蜡乳液测定

（1）结皮度测定。取 10% 浓度石蜡乳液 400 毫升，置于 500 毫升 烧杯内，在 40℃恒温条件下放置 24 小时， 取上层凝结的蜡皮，用游标卡尺量厚度，重复 3 次平均。

（2）析水度测定。取 10% 浓度石蜡乳液置满 100 毫升具塞量筒，在 40℃恒温条件下放置 24 小时，测定下层析水度。重复三次，取平均值。

四、乳化剂使用效果

1987—1988 年我所生产了两吨油茶皂素乳化剂，制得纤维板 1 142 吨。1987 年我们在太白纤维板厂作了抽样检查，符合中华人民共和国硬质纤维板国家标准 GB1923-80 二等品率（见表 5-8）。

表 5-8　加油茶皂素乳化剂的纤维板质量检验

种类	厚度（毫米）	容量（千克/平方厘米）	静曲强度（千克/平方厘米）	吸水率（%）	含水率（%）
GB 一等品	3.4 ± 0.3	900	400	20	5~12
GB 二等品	3.4 ± 0.3	800	300	30	5~12
家油茶皂素乳化剂的纤维板	3.77	960	407	26.4	2.4

油茶皂素乳化剂材料主要是油茶皂素，因此有较高的经济效益。每吨油茶皂素乳化剂比每吨油酸便宜 1 300 ～ 1 500 元。全国人造板业每年约计需要 50 000 吨油酸，如果全部用油茶皂素乳化剂来替代，将直接为国家增收 2.5 亿多元，其社会效益和环境生态效益那更是巨大的。

（本文原载《陕西林业科技》1990 年第 4 期）

西植 877 石蜡乳化剂简介

西植 877 石蜡乳化剂，是由油茶饼中提取的皂素合成的，该产品乳化石蜡效果好，乳液呈良好状态，手感滑腻，pH 7 ～ 7.5，颗粒度小而均匀，平均直径 1.7 目，残渣少，泡沫少。在 40℃温箱中放置 24 小时，析水率小于 5%，结皮度小于 1 毫米。破乳实验的絮凝时间 5.5 秒，聚结时间 15.5 秒；破乳后 pH 4.5 ～ 5.0，破乳率高，使用该乳液在压制纤维板过程中无粘网、黏液现象，板面无油污缺陷。纤维板重要物理指标，符合 GB1923-80 湿法硬质纤维板国家标准 1 ～ 2 级。

图 5-4 4（物镜放大倍数）×10（目镜放大倍数）×6.7（照相放大接镜）高倍显微镜下的石蜡颗粒

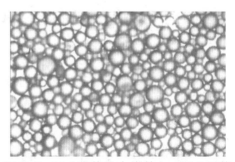

图 5-5 10（物镜放大倍数）×10（目镜放大倍数）×6.7（照相放大接镜）高倍显微镜下的石蜡颗粒

本产品主要用于纤维板工业，在不改变石蜡乳化工艺的条件下，可直接代替油酸铵，不仅利用了油茶饼，节省了油酸，降低了生产成本，而且改善了制乳工人的劳保条件。

（本文原载陕西省油茶皂素乳化剂标准陕 DB3856-88 发布简介）

1987.10.14

西植 877 乳化剂在我厂纤维板生产试验总结

太白县纤维板厂　强哲
一九八七年九月二十八日

我厂是年产 2 000 立方米的设备，利用湿法生产的纤维板厂。1987 年 9 月 22 日西北植物研究所助理研究员李玉善等同志来我厂，利用该所研制的西植 877 乳化剂 40 千克在我厂生产线上做试验，试验前我们将制蜡锅、乳化蜡贮存桶进行了清洗，制备乳化蜡 11 锅，生产纤维板 11 立方米。现将有关情况整理如下：

一、西植 877 乳化工艺

（1）先将石蜡熔化升温到 80℃。

（2）向乳化锅加填管水至锅底部管口溢面。

（3）加入熔化的石蜡 10 千克，升温到 80℃。

（4）向锅内加西植 877 乳化剂 2.5 千克，锅内温度保持 70 ~ 80℃，搅拌 15 分钟。

（5）加入第一次乳化水 15 千克、70℃，搅拌 10 分钟。

（6）加入第二次乳化水 15 千克、70℃，搅拌 10 分钟。

（7）加入 60℃的稀释水 157.5 千克，搅拌 5 分钟，即制成乳白色、浓度为 5% 的乳化蜡溶液，此时锅内有少许泡沫为宜。

二、浆外高浓度破乳新工艺

西北植物所李玉善、张发兰、汪建文、季志平，太白纤维板厂白玉莲、曹佩琴等同志参加本项试验。此种新工艺1984年《标产工业》杂志第二期刊载，我们参照了东北林学院的资料，结合我厂情况作了改进。新工艺有以下优点：

（1）因太白县水质影响乳化蜡在浆料纤维上沉淀，多年来我厂产品吸水率偏高，采用新工艺是降低我厂纤维板吸水率的唯一途径。

（2）太白县在下雨天或洪水季节水混时生产纤维板易起浮浆，严重影响生产。为了打下浮浆要向浆池加入机油或柴油，浪费很大。采用新工艺可减少浮浆出现。

（3）热压纤维板时，采用新工艺，大大减少了热压板粘板。

（4）新工艺使纤维板长网成型时不产生粘网现象。

采用新工艺时，在硫酸铝溶化桶上安装了两根橡胶软管和阀门，其中一根管子的硫酸铝液流到破乳槽作为破乳用，另一根管子的硫酸铝液直接流入浆料中，保证浆料pH达到4.5左右。

三、西植877乳化剂在我厂实验情况：

利用我厂现有设备，不需增加新设备。施加乳化蜡是在连续施胶箱上放置破乳槽（如图5-6）。

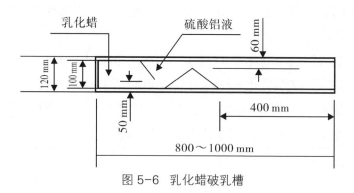

图 5-6　乳化蜡破乳槽

破乳槽用 10 号或 12 号槽钢制成，槽钢内焊了两个阻挡扁钢，以利于乳化蜡和硫酸铝液混合后破乳，

破乳槽的出口是在连续施胶箱浆料入浆池的入口处。实验时，乳化蜡和硫酸铝液混合，在破乳槽大约延缓 5 秒左右破乳时间。破乳后呈豆腐花状絮片散开，捞出观察，质细、均匀、不黏手，不结块，不经过连续施胶箱的搅拌，直接流入浆池，使石蜡胶的絮状颗粒不被打碎，基本上保持稳定。在长网成型时不黏网，说明石蜡在纤维板中留着率高，石蜡胶的微粒随水流失少，为降低纤维板的吸水率创造了有利条件。

西植 877 乳化剂用下面乳液质量检定表来检定，符合第一种破乳实验形状。

西植 877 乳化剂乳化的石蜡开始试验时在破乳槽不破乳。我按照过去的经验，调整硫酸铝液的浓度和流量，还是不破乳。此时，我把硫酸铝液的温度降低，使其和乳化蜡混合时不烫手，发现破乳情况良好，说明该乳液破乳，温度不宜高。

等级	破乳实验形状	用手指搓揉情况	施加于浆料中的效果
1	呈豆腐花状絮片散开	均匀、质细	破乳完全，能全部沉淀于纤维上
2	呈豆腐花状具有凝集	略有黏手现象	破乳不够完全，浆料表面有漂浮的石蜡微粒，随水流走。
3	呈豆腐水状散开	稍有石蜡黏手现象	石蜡微粒粗，漂浮在浆料表面明显，有少量粘网现象
4	呈豆腐渣状凝集	微粒粗大，黏手	石蜡微粒粗大，严重黏网

四、西植 877 乳化剂有以下优点：

（1）破乳实验形状良好，适于高浓度破乳新工艺。

（2）与油酸铵法相比，没有氨水的恶臭气。

（3）与油酸相比，价钱低；西植 877 乳化剂每吨价 2 500 元，吨板用量 3.5 千克；油酸每吨 3 700 元，每吨纤维板用量 2.7 千克。

油酸 2.7 千克 ×3.7 元 / 千克 +0.3 元氨水—西植 877
3.5 千克 ×2.5 元 / 千克 =1.54 元

使用西植 877 乳化剂比使用油酸铵每吨纤维板可节约 1.54 元。

（4）乳化工艺简便易掌握，不需要增加新设备。

（5）实验在丙班进行了一个班次，取样纤维板三张，按照 GB1923—80 湿法硬质纤维板国家标准测定物理力学性能，其平均值如下表。

班次项目	容重	抗弯强度	吸水率	厚度	含水率	确定等级
丙班	960 千克 / 平方米	407 千克 / 平方厘米	26.4%	3.77 毫米	2.4%	二等

化验员：白玉莲

（本文引自西植 877 乳化剂生产试验应用鉴定材料）

油茶皂素乳化剂中试报告

李玉善　张发兰　季志平　汪建文
（陕西　杨陵　西北植物研究所）

　　在纤维板制版工业上，必须在纤维束间加入石蜡，用以提高纤维板的防水性。传统工艺用油酸和氨水来乳化石蜡。油酸是由动物或植物油脂中提炼出来的，价格比较昂贵，用作乳化剂势必与食油争原料。氨水具有恶臭，经高温高速搅拌。氨气大量挥发，污染环境，有害操作工人健康。1987 年我们研究所从油茶饼中提炼皂素，并研究成功了油茶皂素石蜡乳化剂，当即投入市场。

　　我国有油茶面积 370 多万公顷，年产油茶饼 5 亿千克，每百千克油茶饼可提取油茶皂素 10 ～ 15 千克。油茶饼是生产油茶皂素乳化剂取之不竭用之不完的资源。用油茶皂素制成的油茶皂素乳化剂不仅使用效果好，价格低廉，同时较之传统工艺节约了大量油酸，保护了工人的健康。

一、油茶皂素乳化剂乳化石蜡作用机理

　　油茶皂素乳化剂乳化石蜡后，在石蜡乳液中形成了许许多多石蜡小颗粒，他们的直径为 1.0 ～ 4.0 目不等，平均 1.71 目。每个石蜡小颗粒，其外层为油茶皂素乳化

图 5-7　油茶皂素乳化剂对 O/W 乳化液的稳定作用

剂的两亲分子所包围。每个两亲分子和水接触的一头为亲水基团，和石蜡接触的一头为亲油基团（见图 5-8）使得石蜡乳液成为水包油性（O/W）稳定乳液。

在湿法纤维板生产过程中，在破乳槽内乳化蜡溶液和 5% 硫酸铝溶液混合，温度为 40～50℃，延续时间 5 秒左右，即行破乳。破乳后石蜡呈豆腐花状絮片散开。捞出观察，质细，均匀，不粘手，不结块。不经过连续施胶箱，直接流入浆池，使石蜡胶的絮状颗粒不被打碎，保持稳定，在长网成型时不粘网，石蜡在纤维板上留着率高，石蜡胶的微粒随水流失少，显著降低了纤维板的吸水率。

二、油茶皂素乳化剂中试生产工艺流程

油茶皂素直接用来乳化石蜡，石蜡颗粒较大，不能形成稳定的乳状液。油茶皂素加上催乳剂后，才能达到较好的乳化效果。为了使石蜡乳化液和纤维浆搅拌混合后，石蜡微粒能滞留在纤维束上不流失，还必须添加潜在破乳剂，使石蜡在纤维板上均匀分布，附着紧密，防水防潮。

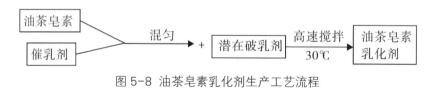

图 5-8 油茶皂素乳化剂生产工艺流程

三、油茶皂素乳化剂乳化石蜡工艺

在湿法纤维板生产中乳化石蜡工艺流程

（1）先将石蜡熔化，升温至 80℃。

（2）向乳化锅加填管水至锅底管口溢面。

（3）加入熔化的石蜡 15 千克，升温 80℃。

（4）向锅内加油茶皂素乳化剂 3.5 千克，锅内温度保持 70～80℃，搅拌 15 分钟。

（5）加入第一次乳化水 20 千克，保持 70℃，搅拌 10 分钟。

（6）加入第二次乳化水 20 千克，保持 70℃，搅拌 10 分钟。

（7）加入 60℃稀释水 242 千克，搅拌 5 分钟，即制成乳白色，浓度为 5% 的乳化蜡溶液。此时锅内有少许泡沫为宜。

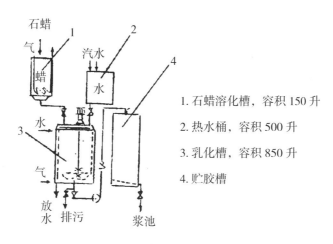

1. 石蜡溶化槽，容积 150 升

2. 热水桶，容积 500 升

3. 乳化槽，容积 850 升

4. 贮胶槽

图 5-9　油茶皂素乳化剂乳化石蜡工艺流程

四、测定石蜡乳液破乳率的方法和步骤

（1）将烧杯与滤纸在 105℃烘箱内烘干至恒重。放干燥容器中冷却之后称重。烧杯重 G_0 克，滤纸重 G_1 克。

（2）在烧杯中称取已知浓度为 C 的石蜡乳液 1 克，加入 45℃±2℃的普通水 100 毫升。此时测定破乳前的乳液 pH，测定为 7。

（3）加入 10% 浓度硫酸铝 1.5 毫升左右，以调节乳液 pH 在 4.5～5 为准。

（4）用搅拌棒稍加搅拌，乳液破乳之后静置 5 分钟。在进行过滤，将滤渣与滤纸一同放在 40～45℃烘箱内干燥，恒重为止。称重得 G_2 克。

（5）破乳率计算

$$石蜡乳液破乳率（\%）= \frac{G_2 - G_1}{C \times 1} \times 100$$

用这种方法测定油茶皂素乳化剂制成的乳化蜡溶液的破乳率均在 100% 以上。

表 5-9　油茶皂素乳化蜡溶液破乳测定表

乳状液编号	乳液浓度（%）	沉淀剂浓度（%）	破乳速度（秒）		破乳率（%）
			絮凝时间	聚结时间	
1	10	10	5	15	106
2	10	10	6	16	109

注：破乳率超过 100%，与沉淀剂的附着有关。

五、油茶皂素乳化剂标准

1988 年 1 月 11 日陕西省标准局发布了油茶皂素乳化剂标准，编号为 DB3856-88。

1. 技术要求

（1）外观：棕褐色黏稠液体。

（2）pH：7.5 ~ 8.5。

（3）比重（标准温度 20/4℃）：1.04 ~ 1.09。

（4）石蜡乳液稳定性（在 40℃放置 24 小时）：结皮度＜1 毫米；析水度＜5%。

2. 石蜡乳液测定

表 5-10　油茶皂素乳化剂销售状况

年度　　　厂名	山阳纤维板厂	太白纤维板厂
1988	1000 千克	400 千克
1989	1600 千克	600 千克
1990	3000 千克	400 千克

表 5-10 说明，油茶皂素乳化剂乳化石蜡所生产的纤维板，除吸水率为二等外，其他各项指标均达到国家标准（GB1923-80）一等品标准。

表 5-11　油茶皂素乳化剂制的纤维板和国家标准对照

纤维板比较 ＼ 纤维板质量指标	厚度（毫米）	容量（千克/平方米）	静曲强度（千克/平方厘米）	吸水率（%）	含水率（%）
纤维板国家一级标准	3.4±0.3	900	400	20	5～12
加油茶皂素乳化剂纤维板质量	3.77	960	407	26.4	2.4

油茶皂素乳化剂现行价格 3 500 元/吨，而油酸每吨价格为 5 000 元，每吨油茶皂素乳化剂比油酸便宜 1 500 元。从经济上计算，使用油茶皂素乳化剂是很划得来的。

（1）结皮度测定

取 10% 浓度石蜡乳液 400 毫升，置于 500 毫升烧杯内，在 40℃恒温条件下放置 24 小时，取上层结皮的蜡皮，用游标卡尺量厚度。重复三次平均。

（2）析水度测定

取 10% 浓度石蜡乳液置满 100 毫升具塞量筒，在 40℃恒温条件下放置 24 小时，测定下层析水度。重复三次，取平均值。

在中间生产试验过程中，每生产 100 千克即取样在化验室中测定，待油茶皂素乳化剂符合结皮度＜1 毫米；析水度＜5% 时即装桶出厂。

六、油茶皂素乳化剂在纤维板工业中的使用情况

在杨陵农业科技开发基金委员会的资助下，我们进行了油茶皂素乳化剂中间生产试验，采取以销定产的办法。现已销售油茶皂素乳化剂 7 000 千克。陕西省山阳县纤维板厂、陕西省太白纤维板厂使用油茶皂素乳化剂乳化石蜡后，反映效果很好。对纤维板抽样检查，结果纤维板质量达到国家标准。

七、油茶皂素乳化剂生产经济效益分析

通过 1988—1990 年三年油茶皂素乳化剂中间生产试验，我们把生产中必须投入的费用和销售成品的收入进行折算，同时考虑到这个期间物价上

涨的因素，计算结果，每生产 1 吨油茶皂素乳化剂的税利为：

3500 元 -2264.3 元 =1235.7 元

表 5-12　每吨油茶皂素乳化剂生产成本概算

项目	耗用量	单价	总值（元）
油茶皂素	300 千克	3 800 元 / 吨	1 140
辅料	600 千克	1 620 元 / 吨	972
电	30 度	0.15 元 / 度	4.5
工资	10 人	4 元 / 人	40
其他（占上述 5%）			107.8
合计			2 264.3

（本文原载《资源节约和综合利用》杂志，1933 年第 4 期）

宝贵的农药资源—油茶饼

西北植物研究所　李玉善

油茶饼（又称茶枯）是油茶籽榨油后的剩余物质，它含有 15% ～ 20% 的油茶皂素，属于三萜类皂甙，茶皂素本身除具有良好的杀虫作用之外，还具有乳化、湿润和发泡的功能，溶于水后，能产生持久性泡沫，用它来乳化农药，可使原药在动物体表附着，通过溶解动物脂类保护物而引药入动物体内，溶解其血球，从而使有机体生理机能紊乱，氧气供应受阻而死亡。所以，它既是良好的杀虫剂，又是良好的导药剂。

现介绍几种常用方法：

（1）把油茶饼烘热后研成细末，在晴天中午时撒入田中，每亩用 20 千克左右。或将油茶饼 15 ～ 20 千克捣碎，加水沤烂（约一星期左右），再加草木灰 50 千克，在播种前施作基肥，可防治蛴螬，甘薯小象鼻虫。

（2）用油茶饼 25 千克，熏烤后捣碎混入土肥，可做一亩稻田的返青肥，有防治稻食根金花虫的作用。

（3）取 5 千克油茶饼，加温水 50 千克，浸一昼夜后过滤，喷洒滤液，可防治棉蚜、红蜘蛛，防治效果可达 95% 以上。

（4）油茶饼 20 ～ 25 千克，碾细过筛，用时将油茶饼粉放进开水浸半天，在晴天中午将田水放浅，把油茶饼水均匀浇到田里，再过 4 ～ 5 小时撒入 40 ～ 50 千克石灰，可治蚁螟，并有肥效。

（5）油茶饼 1 千克，加水 100 千克，浸一昼夜后过滤，喷洒滤液，可防治小麦锈病。

（6）蔬菜播种后，如发生蚯蚓为害，可用油茶饼浸出液浇注，待蚯蚓钻出土面即可捕捉。油茶饼浸出液的制法是：油茶饼 1 千克，敲碎后用温水浸泡 12 小时，去渣，浸出液加水稀释至 70 千克，即可使用。

（7）蛞蝓成虫和幼虫取食种芽、茎叶，造成缺刻，蛞蝓爬过的地方留下一条银白色发亮的印迹，附于茎叶和花上，影响光合作用和开花结果。播种前每亩施用油茶饼 20 ~ 25 千克作基肥，可以防治。

（8）蜗牛为害时，每亩撒施 4 ~ 5 千克油茶饼粉，即可防治。

（9）茶砒合剂：砒灰 1 千克，油茶饼 36 千克，清水 63 千克。先将信石炼成灰，油茶饼研成粉，浸泡过滤即得原液。原液 1 千克，加水 30 千克，喷洒可防治浮尘子、麦蚜、二十八星瓢虫、菜青虫、玉米螟。杀虫率达 100%。

（10）"七零五"乳剂：将新鲜油茶饼 1 千克，加清水 5 千克煮 2 小时，不断翻动，并经常加水保持水面，煮好后得油茶饼水。取油茶饼水 0.87 千克倒入瓶中，加入 50% 甲基 1605 乳剂 0.03 千克，再加煤油 0.1 千克，剧烈摇动乳化，即制得"七 0 五"乳剂。再按每千克乳剂加水 80 千克的药液喷雾，可防治水稻螟虫、浮尘子、稻蓟马、蚜虫等。

（11）铜氨茶合剂：先将 0.1 千克硫酸铜与 1 千克氨水混合成铜氨液；另将 3 千克油茶饼碾碎，先加 30 千克水浸泡 48 小时（或煮沸 2 小时），过滤得油茶饼液。用时将两液混合，再加清水补足到 200 千克，用于喷雾。在水稻白叶病的发病初期，每隔 7 天喷洒一次，连续喷洒两次以上，可收到一定的防治效果。

（12）石硫茶合剂：将 2 千克油茶饼碾碎，加水浸泡 48 小时，过滤得油茶饼液，再与波美 0.5 度石硫合剂等量混合，加水 100 千克。用作喷雾，可防治稻瘟病和小麦赤霉病等。

我省陕南地区油茶资源丰富，每年可生产大量油茶饼，但目前油茶饼大部分作为肥料和燃料被处理掉。如果把它用来做农药，将会对农业增产增收发挥更大的作用。特别是它对人畜无毒害，不留残毒，不污染环境，是宝贵的农药资源。

（本文原载《陕西科技消息（植物保护）》1975 年第 1 期）

天然的廉价高效低毒农药——茶枯

西北植物研究所　李玉善

　　油茶是优质的木本油料。其种子榨油后的饼子，俗称茶枯。茶枯含有皂素、鞣质和植物碱，对许多病虫害有防治作用，是一种价格低廉的农药。每百千克茶枯中含氮 1.99 千克，磷 0.54 千克，钾 2.33 千克，又是优质的有机肥料。

　　茶枯对稻瘟病、水稻纹枯病、小麦锈病、芝麻茎斑病、油菜菌核病有较好的防治效果。对稻虱、稻叶蝉、斜纹夜蛾、地老虎、棉蚜、苎麻天牛、柑橘吹棉蚧、光头蚱蜢也有一定的防治效果。对蚂蟥、椎实螺、蜗牛防治效果特别显著。据湖南省粮食部门介绍，用三煮三滤处理后的茶仁饼含皂素 1.83%，喂猪猪肠内不生寄生虫，每隔二至三天泼一次茶仁水，猪圈内没有蛆虫和子了。

　　为观察茶枯作基肥对防治二化螟的效果，南郑区塘口乡曾在 1975 年 5 月初插秧前先选了三块地，分别为亩施 70 千克茶枯、3 000 千克牛粪；3 000 千克牛粪加 50 千克茶枯作基肥，在二化螟危害后期作了统计（见表 5–13）。

表 5–13　茶枯作基肥对防治二化螟的效果

水稻品种	每亩施基肥	调查丛数	水稻总株数	水稻受害株数	受害率%
华东 319	1500 千克牛粪	40	511	41	8.00
华东 319	1500 千克牛粪加 25 千克茶枯	40	589	11	1.37
华东 391	35 千克茶枯	40	756	3	0.40

由表可知，茶枯作基肥对防治二化螟效果十分显著。二化螟危害程度，施牛粪比施牛粪和茶枯的大 3.27 倍；比只施茶枯的大 19 倍。初步调查茶枯有以下使用方法：

一、茶枯可防治稻飞虱和浮尘子，防治时，先把茶枯烤热捣碎，用板筛筛过，在稻飞虱、浮尘子发生期，在晴天中午，田水晒热时撒入田内，每亩用量 15 ～ 20 千克，如果每隔一星期治一次，共治 2 ～ 3 次效果更大。

二、防治甘薯小象鼻虫，每一千薯藤用茶枯 10 千克，用时先把茶枯捣成细粉，倒开水冲入闷一下，再加水到 100 ～ 150 千克（如果甘薯种在山上，可以在山上加水），在立秋前后，把茶枯浇在藤边，既可杀死象鼻虫，又可当肥料。

三、防治蛴螬，每亩用茶枯 15 ～ 20 千克，先捣成粉末，加水闷烂（约一星期），再混合草木灰 5 千克，在播种前做基肥。

四、用茶枯 25 千克，熏烤后捣碎混土肥，可以做一亩稻田返青肥，以防治稻食根金花虫。

五、5 千克茶枯，加温水 50 千克，浸一日后过滤喷洒，可杀棉蚜、红蜘蛛 95% 以上。

六、茶砒合剂：砒灰 0.5 千克，茶枯 28 千克，先将信石炼成灰，茶枯研成粉，再加入清水煮沸 30 ～ 40 分钟，过滤即得原液，原液 500 克加水15 千克，喷洒可治浮尘子、麦蚜、二十八星瓢虫、菜青虫、玉米螟虫等。杀虫率可达 100%。

七、茶枯 20 ～ 25 千克，碾细过筛，加石灰粉 5 ～ 10 千克，细灰尘60 ～ 180 千克，拌和均匀，同时可将茶枯粉在开水中浸 10 小时。在晴天中午将田水放浅后，把浸好的茶枯水均匀浇到田里，再过 4 ～ 5 小时放入40 ～ 50 千克石灰，可治蚁螟，并有肥效。

八、茶枯 500 克，加水 50 千克，浸一昼夜过滤喷洒，可治麦锈病。

九、配制"七零五"乳液。配制方法：1、茶枯水的提取：将新鲜的茶枯 500 克，加水 2.5 千克煮 2 小时，不断翻动，并经常补充水保持水面高度，煮好后得茶枯水。2、取茶枯水 435 克倒入瓶中，加 50% 甲基，1605乳液 15 克，再加煤油 50 克，剧烈摇动乳化。即得"七零五"乳剂 500 克，加水 40 千克喷雾，可防治水稻螟虫、浮尘子、稻蓟马、蚜虫等。

十、作可湿性六六六粉剂的湿润剂：油茶皂素有表面活性，能降低水的表面张力，有的农药厂用茶饼作可湿性六六六粉剂湿润剂，加入量约为成品总量的 5%。

十一、茶枯水 20 千克，6% 六六六粉 500 克，兑水 80 千克，喷洒后可防治蚜虫，效果在 90% 以上。

十二、茶枯粉碎后加水煮沸，1% 的浓度，防治松苗立枯病有显著效果。

据 1975 年统计，我国有油茶 340 万公顷，年产油茶籽 21 208 万千克，榨油后可产茶枯 16 325 万千克。如果全部用来做农药，以茶枯含皂素 8.78% 计，相当于建造一座年产 28.667 吨的农药厂。利用茶枯作农药还可降低农业成本，弥补化学农药的不足。茶枯施用后，在不太长的时间内皂素即分解失效，在自然界中不会留下残毒造成环境污染。当前提倡生产高效低毒农药，茶枯实为我国农药生产的宝贵资源。

（本文原载《陕西科技消息（农业）》1979 年第 6 期）

商洛地区油茶综合利用的研究

李玉善　张发兰　季志平

油茶林在商洛地区南部各县分布较多，其中以镇安、商南和山阳为集中，尤其是镇安县不仅油茶栽植面积大，而且历史悠久。镇安县庙沟乡大油茶树，株高 5 米，冠幅 81 平方米，基茎粗 46 厘米，树龄已近 200 年。商州区的油茶以往主要用来榨油食用，我们利用油茶饼提制皂素，把皂素制成石蜡乳化剂和萤石选矿剂，变废为宝，取得了很好的经济效益和社会效益。

一、油茶皂素乳化剂在山阳纤维板厂的应用

山阳县纤维板厂地处陕南山区，是一个生产木质纤维板的工厂，年产硬质纤维板 2 000 吨左右。纤维板畅销陕西、河南、湖北等省，尤其在西安市有一定的声誉。1986 年以来，一直在生产中使用西北植物研究所生产的油茶皂素乳化剂。

（一）油茶皂素乳化剂乳化石蜡作用机理

油茶皂素乳化剂乳化石蜡后在石蜡乳液中形成了许许多多石蜡小颗粒，它们的直径为 1.0 ～ 4.0 目不等，平均为 1.71 目。每个石蜡小颗粒，其外层为油茶皂素乳化剂的两亲分子所包围。每个两亲分子和水接触的一头为亲水基团，和石蜡接触的一头为亲油基团，使得石蜡乳液成为水包油型（O/W）稳定乳液。石蜡乳液的稳定性（在 40℃放置 24 小时），结皮度 ≤ 5%。

在湿法纤维板生产过程中，在破乳槽内乳化蜡溶液和 5% 硫酸铝溶液混合，温度为 40 ～ 50℃，延续时间 5 秒左右，即行破乳。破乳后石蜡呈

豆腐花状絮片散开，捞出观察，质细、均匀、不黏手、不结块。不经过连续施胶箱，直接流入浆池，使石蜡胶的絮状不被打碎，保持稳定，在长网成型时不粘网，石蜡在纤维板中留着率高，石蜡胶的微粒随水流失少，显著降低了纤维板的吸水率。

（二）油茶皂素乳化剂乳化石蜡工艺流程

（1）先将石蜡溶化，升温至80℃。

（2）向乳化锅加填管水至锅底部管口溢面。

（3）向乳化锅加入2.5千克油茶皂素乳化剂，控温80℃，加入10千克熔化的石蜡，而后搅拌15～20分钟。

（4）加入70℃乳化水15千克，搅拌5分钟。

（5）加入70℃乳化水15千克，再搅拌5分钟。

（6）加入70℃乳化水20千克，又搅拌10分钟。

（7）加入60℃稀释水138千克，搅拌2分钟，即制成油茶皂素石蜡乳液，石蜡乳液浓度为5%。

而后将石蜡乳液加入纤维浆槽中，同时加入5%硫酸铝溶液，搅拌均匀，破乳。石蜡微粒即附在纤维上，完成了加蜡程序。

（三）经济效益分析

（1）油茶皂素乳化剂与油酸相比，成本低，价格便宜。油酸每吨5 000元，每生产1吨纤维板需用2.25千克，此外还需用氨水2.25千克，油茶皂素乳化剂每吨3 500元，每生产1吨纤维板需用2.5千克。

油酸2.25千克×5元/千克＋氨水－油茶皂素乳化剂2.5千克×3.5元/千克=4.5元。即每生产1吨纤维板用油茶皂素乳化剂比油酸便宜4.5元，每年光此项费用可节约近万元。

（1）使用油茶皂素乳化剂乳化工艺简单，不需要添加新设备。

（3）用油茶皂素乳化剂，不加氨水，操作过程中无氨臭味，保护了工人健康，深受工人欢迎。

（4）油茶皂素乳化剂乳化石蜡制成的纤维板色泽黄亮，强度、硬度、光洁度均优于油酸氨水乳化石蜡制成的板子。

二、油茶皂素莹石选矿剂初步试验成功

1990 年 7 月我们用油茶皂素莹石选矿剂在商州莹石选矿厂做选矿试验，取得了初步成功。

试验中我们用油茶皂素莹石选矿剂作为捕收剂，用量为每吨矿石 500 克，替代原有的捕收剂油酸；用水玻璃作为抑制剂，每吨矿石用量为 1 200 克，用 Na_2CO_3 作为 pH 调整剂，每吨矿石用量为 1 000 克。试验结果，用油茶皂素选矿剂精矿品位高达 95.86%，平均为 95.81%，所选矿粉颜色胜过油酸（表 5-14）。

表 5-14　油茶皂素选矿剂选矿生产试验化验分析表

捕收剂	原矿品位（%）	尾矿品位（%）	精矿品位（%）
油茶皂素选矿	32.71	2.78	95.81
对照			
（油酸）	34.42	2.78	95.17

根据矿上技术人员反映，用油酸作为捕收剂在冬季使用时易凝固，而油茶皂素选矿剂使用起来受气候因素的影响较小，完全可能替代现有的捕收剂，成为重要的莹石选矿剂。

三、油茶皂素应用前景展望

油茶是优良的木本油料树种。我国有油茶面积 370 多万公顷，年产油茶籽 42.4 万吨，占各种木本油料总面积的 60% 以上，其面积和产量居世界第一位，油茶籽每百千克可榨油 25～30 千克；可提制皂素 10～15 千克，油茶皂素的产值大于油的产值。油茶皂素的研究和应用，将对轻工、化工、医药某些行业发生重要的影响。

我国油茶皂素应用起步晚，现在应用范围较大的是做洗发香波。我们在商州应用皂素制成的石蜡乳化剂短期内就获得了良好的经济效果，单山阳县纤维板厂效益就达 2 万元；莹石选矿剂初步试验成功，将会收到显著的经济效益。随着科学技术的发展和研究工作的深入，油茶皂素的价值会愈来愈高，我国丰富的油茶资源将在"四化"建设中发挥应有的作用。

（本文原载科学技术文献出版社《秦岭生物资源及其开发利用研究》1992 年）

油茶皂素化学和物理特性及其开发利用研究

李玉善　薛海滨

（西北植物研究所，陕西杨凌 712100）

摘要： 油茶皂素学名茶皂角甙，结构糖是由葡萄糖醛酸，阿拉伯糖，木糖及半乳糖组成，结构酸是由反（顺）白芷酸及醋酸组成。茶皂角甙是由结构相似 5～7 种三萜类皂甙元构成。油茶皂素的表面活性主要是结构一端为疏水的脂肪酸基团，另一端为结构糖，结构酸亲水基团，吸附和胶团化，使皂素可用来做乳化剂，洗涤剂，发泡剂，分散剂，润湿剂，洗发剂，清洗剂，柔软剂等。

关键词： 油茶皂素；三萜类皂甙元

STUDIES ON THE CHEMICAL AND PHYSICAL PROPERTY OF SAPONIN OF THEA SASANQUA AS WELL AS DEVELOPMENT UTILIZATION

Li Yushan and Xue Haibing

（ *Northwestern Instiute of Botany,shaanxi YangLing 712100* ）

Abstract： saponin of thea sasanqua scientific name thea saponin,structural sugar is composed of glucuronic acid,arabbinose,xylose and galactose,structural acid is composed of tran,cis-1,2- Dimetnylacrylic acid and acetic acid. Thea saponin is to make up similar structure 5-7 species sapogening of triterpenoid saponin.Surface activity of the saponin of thea sasanqua is main due to one structural end hydrophobic fatty acid group,other structural end hydrophilic structural sugar group,absorption and micelle,with such saponin is used to emulsitying agent,detergent,foaming agent,dispersing agent,wetting agent,shampoo,bactericidal agent,cleaning agent,softening agent etc.

Key words: Saponin of thea sasanqua; sapogenin of triterpenoid saponin.

我国油茶林面积和产量均居世界第一位。在湖南，江西，浙江，福建，广东，广西，湖北，贵州，云南，四川，海南，台湾及陕西，安徽，河南，江苏等省分布着大片油茶林，总面积达 400 余万公顷。全国年产茶油两亿多千克，有一亿多人口食用茶油。年产茶饼十亿多千克。茶油饼中含有 10% ～ 15% 油茶皂素，全国油茶饼可年产一亿多千克油茶皂素。20 世纪 80 年代开始，浙江、江西、湖南，广西，湖北等省相继建立油茶皂素化工厂，现在油茶皂素利用率约为 5%，因此油茶皂素的开发利用十分重要而紧迫。

一、油茶皂素的化学结构

油茶皂素（SaP0nin of The a Sesanqua）学名茶皂角甙（Thea Saponin），结构糖是由葡萄糖醛酸(Glucuronic acid),阿拉伯糖(Arabinose),木糖(Xylose)及半乳糖（Galactose) 组成。结构酸由反（顺）白芷酸（Tren,Cis-1,2-dimetnylacrylic acid）及醋酸组成，据 R，Tsckesche 和古岗伊藤对茶皂角甙

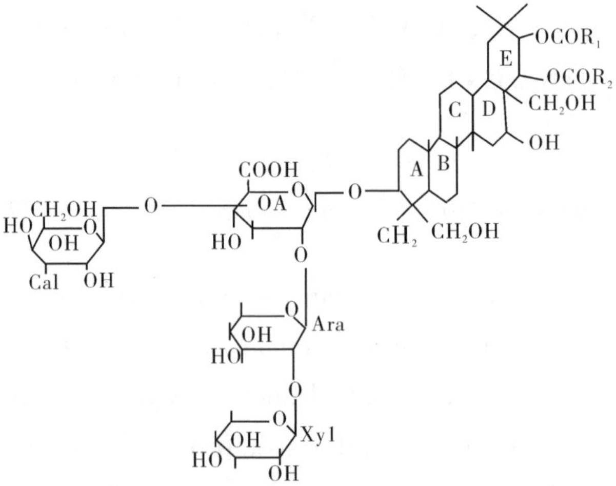

图 5-10　茶皂草精醇—A 的皂角甙结构式

（R₁R₂. 低级脂肪酸 GA. 葡萄糖醛酸 Are. 阿拉伯糖 XYL. 木糖 Gal. 半乳糖）

的研究，其配基是由 5 ～ 7 种茶皂草精醇组成。

油茶皂素的表面活性主要是其结构一端为疏水的脂肪酸基因，另一端为结构糖，结构酸亲水基团，吸附和胶团化，使皂素具有乳化，洗涤，发泡，分散铺展，润湿稳定液膜等多种性质。

二、油茶皂素的理化特性

（1）茶皂角甙属于三萜类皂角甙，具有苦辛辣味，刺激鼻黏膜引起喷嚏，为白色微细柱状晶体，无色、无灰、吸湿性强，对甲基红显酸性。难溶于无水甲醇，乙醇，溶于热的含水醇（甲醇、乙醇）及冰醋酸，醋酐，吡啶等，稍溶于热水，易溶于碱性水溶液，不溶于冷水，乙醚，石油醚等非极性溶剂。皂角甙溶液中加入盐酸，呈酸性时，皂甙就沉淀。茶皂角甙与很多物质起显色反应，如与醋酐，间苯三酚，地方酚等反应显不同颜色。与胆固醇等高级醇类结合成复盐。茶皂甙能起水解反应，根据水解条件（碱性水解还是酸性水解所得的产物也各不相同）。

（2）皂角甙在光学上没有明显特征。据浙江省粮食科学研究所分析，粗油茶皂素在乙醇溶液中，紫外光区吸收光谱具有210 纳米，270 纳米，358 纳米处吸收极大值（见图 5-11）。

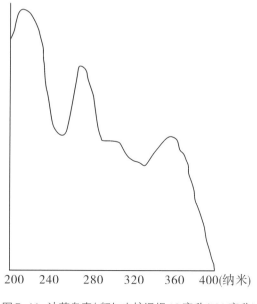

图 5-11　油茶皂素（籽仁直接浸提 18 毫升 /100 毫升）紫外光区吸收光谱

（3）茶皂角甙具有很强的起泡性，据浙江省林业科学研究所测定，如以 0.05% 茶皂角甙的水溶液振摇，产生的泡沫 30 分钟不消散，而上等肥皂0.06% 水溶液振摇，产生的泡沫在 14 分钟就消失，并且茶皂角甙的起泡能力几乎与水的硬度无关。

表 5-15　0.05% 皂甙水溶液的起泡性与水硬度关系

水硬度	泡沫体积（平方厘米）	
	1 分钟	3 分钟
3°	300	275
12°	250	225
16°	250	250
24°	225	225
34°	225	225

（4）茶皂角甙对动物红血球有破坏作用，产生溶解现象，即所谓溶血作用。因此，茶籽皂角甙不能静脉注射。

茶皂角甙对冷血动物毒性很大。在很低的浓度下，可使鱼、虾、蚂蟥、螺等中毒死亡。对鸟类以上高等动物口服无毒。

三、油茶皂素的提取和生产

我国油茶皂素生产现在一般采用有机溶剂提取和热水浸出两种办法。

1. 溶剂提取法

溶剂浸泡脱脂饼粕→过滤→滤液→回收溶剂→浓缩液→加入极性小的溶剂析出→分离→回收溶剂→油茶皂素。

用溶剂提取的油茶皂素一次浸出的皂素含量高于热水浸出法。此法可减少操作程序，降低劳动强度，同时溶剂浸出的粕中残存的皂素含量低于热水法，给饼粕的再利用提供方便。但溶剂法耗用的溶剂量大，皂素的成本高。因此，溶剂法首要任务是降低溶剂的消耗。

2. 热水浸出法

热水浸泡脱脂饼粕→调 pH 过滤→滤液浓缩→加溶剂溶解→分离蛋白质及糖类物质→浓缩回收溶剂→加入非极性溶剂析出→干燥→油茶皂素。

热水浸出法所用溶剂量少，因此皂素的成本较低，但水提取过程中皂素中的蛋白质淀粉（糖）等杂质含量较高。必须用溶剂将皂素和杂质分离再回收溶剂，精制手段较复杂，同时在生产中饼粕受热在水中糊化使过滤困难。当气温高时，微生物大量繁殖易使饼粕皂素发酵变质。饼粕中含大量水分，给饼粕再利用带来困难。

据广西龙胜天然助剂厂介绍，溶剂浸提影响油茶皂素得率有下列因素：

（1）饼粕的含水量

饼粕中水分过高会明显降低溶剂浓度，既耗费能量，又降低皂素质量。应控制饼粕含水量不超过 7%，溶剂浓度应不低于 85°（酒精计）。

（2）溶剂温度

溶剂萃取皂素的速度较高，浸泡时间长短与得率关系不大。提高溶剂温度可加速油茶皂素的溶解渗透速度。溶剂温度提高至 45 ～ 50℃为佳。

（3）溶泡次数与得率关系

饼粕浸泡次数与油茶皂素得率呈正比。溶剂浸出 3 ～ 4 次为佳。

四、油茶皂素开发利用

20 世纪 70 年代至今，西北植物所对油茶皂素利用开展了研究。皂素应用范围广，实用价值大。

1. 油茶皂素配制洗发剂

油茶皂素洗发剂充分显示出皂素优良天然特性。抗静电易梳理、止痒、去头屑、消炎以及光亮柔软，护发护肤性强。上海、重庆、浙江、湖南等省茶籽洗发香波即属此类。

2. 制成洗涤剂

油茶皂素加上添加剂，可配成丝绸精炼剂和毛织品洗净剂，去油污，不锈蚀金属，不污染环境。

3. 制成乳化剂

油茶皂素做 DDT、乐果、马拉松等农药乳化剂。不仅有良好的乳化作用，同时加强了药剂的效果，在人造板工业上做石蜡乳化剂，显著提高了纤维板和刨花板的质量。油茶皂素与润滑油，防腐剂配成乳化液，可做机床加工润滑剂、液压传动液及流动减阻剂。

表5-16　油茶皂素纤维板乳化剂制的板和国家标准比较

质量标准比较	厚度 （毫米）	容量 （千克/立方米）	静曲强度 （千克/平方米）	含水率 （%）
纤维板国家一级标准	3.4 ± 3	900	400	5 ～ 12
油茶皂素乳化剂纤维板质量	3.77	960	407	2.4

4. 配成发泡剂

中国建筑学会用油茶皂素做加气混凝土。油茶皂素在加气砼生产中，对铅粉脱脂，对料浆发泡稳泡，抑制石灰消解和缓浆池稠化。油茶皂素做成选矿剂在选矿上应用。西北植物研究所研制成功萤石选矿剂和铜矿发泡剂，效果很好。纯度高的油茶皂素，吸附 CO_2 能力强，可做啤酒发泡剂。

表 5-17　油茶皂素萤石选矿和油酸比较

选矿剂	原矿品位（%）	尾矿品味（%）	精矿品位（%）
萤石选矿剂	32.71	2.78	95.81
油酸（对比）	34.42	2.78	95.17

5. 医药用

油茶皂素对止咳和老年人气管炎有一定的疗效。油茶皂素精品对鼠的葡萄糖浮肿、卵蛋白浮肿有显著的抑制作用。油茶皂素含有 3% ～ 4% 黄酮甙，有祛痰、止咳、抑菌、治疗心血管系统疾病的功效，有的衍生物有抗癌作用。

6. 做农药用

油茶皂素有杀死钉螺和仓储害虫的作用，对杀死蚜蟥有特效。农村常用油茶饼做农药来防治病害虫。

参考文献

[1] 李玉善. 我国油茶皂素开拓前景十分广阔 [J]. 资源节约和综合利用，1993；4；42-43.

[2] 柴文森等. 茶籽饼皂素提取和利用情况简介 [J]. 浙江林业科技，1979，5；37-42.

[3] 浙江省粮油科学研究所. 油茶饼粕综合利用—油茶皂素试制研究报告 [J]. 浙江省粮油科技，1980；3；5-31.

[4] 许康. 浅谈油茶皂素在日化工业的开发利用 [J]. 广西化工，1990；2；49-56.

[5] 中国林科院 (亚热带林业研究所情报资料室). 茶籽饼粕利用近况概述 [J]. 杭州油茶科研资料选编，1980；125-133.

[6] 汪祖模等. 两性表面活性剂 [M]. 北京：轻工业出版社，1992:1-8.

（本文原载《西北植物学报》1994 年第 5 期）